엄마 마음 약국

'나'를 잃어버린
엄마를 위한
마음 돌봄 처방전

엄마 마음 약국

이현수 지음

RHK
알에이치코리아

상처받은 엄마 마음을 치유하기 위한
마음 약국을 시작합니다

육아, 참 힘듭니다. 몸이 고된 건 말할 것도 없고 세상 소중한 아이인데도 때로 내 행복을 막는 것처럼 느껴져 울고 싶기도 합니다. 엄마들의 마음속에는 아무도 그 노고와 가치를 알아주지 않는 절대 고독이 자리하고 있습니다. 사람이라면 누구나 사랑받고 귀한 대접을 받고 싶어 합니다. 하지만 엄마들은 어느 날 갑자기 엄마가 된 순간부터 그런 것들을 바라면 절대로 안 되는 양 세상의 구석으로 밀려납니다.

그 안에서나마 나름 존재 가치를 찾고자 하는 몸부림은 '극성 엄마' 같은 또 다른 화살로만 돌아올 뿐입니다. 어느 누구도, 심지어 가장 친밀해야 할 아빠들조차도 엄마들이 왜 그렇게 아득바득 사는지, 그래서 끝내 지쳐 버리는지 이해해 보려 하지 않습니다. 그래서 엄마들의 마음은 상처투성이입니다.

물론 이런 상처를 일부러 주는 사람은 없을 것입니다. 연약한 아기 옆에 있는 엄마가 너무도 크고 강한 존재로 여겨지다 보니 미처 배려와 위로의 손길이 닿지 않는 이유가 클 것입니다. 이는 첫째 아이가 겪는 서러움과도 비슷합니다. 온 가족의 사랑을 독차지하던 어린 왕자님, 혹은 어린 공주님은 동생이 태어나면 '찬밥' 신세가 됩니다. 갓난아이가 너무 약해 보이기 때문에 상대적으로 '거인'같이 여겨져 알아서 잘해 나가기를 요구받아서죠.

어쨌든 상처를 입었다면 당연히 위로받고 치료받아야 합니다. 특히 엄마의 상처는 자신이 힘들 뿐만 아니라 즉시 아이에게 영향을 미치기 때문에 더욱 시급하게 다뤄져야 합니다. 하지만 상담실에서 매일 엄마들을 마주하면서 느끼는 것은, 엄마들은 사람들로부터, 심지어 가족으로부터도 따스한 위로를 받지 못하고 전문 기관에서 적절한 치료를 받는 일 또한 참 힘들다는 사실입니다. 상처로 우울해진 엄마가 다시 일어나려면 가족과 사회가 든든히 뒷받침해 줘야 합니다. 하지만 가족 구성원들은 각자의 문제를 감당하기에도 벅찰 것이고 사회가 모든 엄마의 상처 입은 마음을 들여다보는 것 또한 어려운 현실입니다. 그래서 저는 이에 대해 오래 고민하다가 엄마들이 스스로 치유하는 힘을 먼저 회복해야 한다는 생각에 이르렀습니다.

결국 오롯이 혼자 치유의 힘을 키우라는 식의 말을 들으니 벌써부터 힘이 빠질까요? 하지만 냉정하게 들여다봅시다. 그동안 나 좀 이해하고 도와 달라고 했던 모든 외침은 텅 빈 에코로만 돌아오지 않았나요? 도움을 바랄수록 무력감은 더욱 심해지기만 하지 않았나요? 더 이상 기댈 곳도, 물러설 곳도 없습니다.

우리가 그럴 힘이 있을까요? 물론입니다. 우리는 자식이 배가 아프다고 하면 '엄마 손이 약손'이라는 마법의 주문을 걸며 배를 주물러 줍니다. 그러면 아이는 기적적으로 회복하지요. 이런 놀라운 일이 벌어지는 이유는 엄마가 몸 안에, 더 정확하게 말하면 마음속에 자체 약국을 가지고 있기 때문입니다. 그저 우리가 내면의 힘을 제대로 쓰지 않아 왔을 뿐입니다. 엄마가 사랑을 담아 따뜻하게 지켜봐 주면 모든 아이는 회복합니다. 다 '큰' 우리도 마음이 아프고 몸이 지쳤을 때 그런 사랑을 받는다면 벌떡 일어날 수 있을 텐데, 현실적으로는 어려운 상황이네요. 그렇다면 우리 스스로 사랑을 줍시다. 이것이 바로 엄마 마음 약국을 열어야 하는 이유입니다.

가정마다 하나씩 비치해 놓는 구급함처럼, 엄마들이 힘들 때마다 각자의 마음 약국에 들러 자신의 처지에 맞는 약을 얻어 갔으면 하는 마음입니다.

엄마 마음 약국의 현관에는 '자중자애自重自愛'라는 글씨를 써 봅시다. 아이에게 소리를 질렀어도, 남편에게 언성을 높였어도, 당신은 여전히 소중한 사람입니다. 산발한 채 펑퍼짐한 옷을 입고 있어도 당신은 여전히 사랑스러운 사람입니다. 스트레스를 받아 잠시 헝클어진 모습을 당신의 원래 모습과 동일시하지 마세요. 그런 모습은 해결해야 할 문제가 있다는 것을 보여 줄 뿐이며 당신 자체의 가치와 존재는 훼손될 수 없습니다. 자신을 진정 소중히 여기고 사랑하길 바랍니다. 그것이 우선시되어야 '타중타애他重他愛'할 수 있습니다. 자, 엄마 마음 약국을 열어 볼까요?

1장

엄마가 되면
몸부터 힘들다

엄마가 된 후 힘들게 다가오는 수많은 일 중에서도 가장 먼저 부닥치는 것은 몸이 힘든 게 아닐까 싶습니다. 말로만 들었던, '홑몸'으로서 누려 왔던(?) 자유가 실로 엄청난 것이었음을 비로소 실감하게 됩니다. 아이가 배 속에 있을 때도 말할 수 없을 만큼 힘들었지만 태어난 후의 '신체적 속박'에 비하면 그때는 차라리 천국이었다 싶을 정도입니다. 껌 딱지처럼 붙어 있는 아이를 돌보면서 겪는 체력적 소진감은 엄마들을 심히 지치고 무기력하게 하고, 심지어 멍하게도 만듭니다. 그럼에도, 그동안은 엄마들의 심리적 어려움에 비해 체력적 한계에는 상대적으로 주의가 덜 기울여졌습니다. 주변 사람들의 관심 또한 '애를 낳아서 힘든 걸 어쩌겠나, 알아서 잘 이겨 내라'라는 식의 아주 피상적이면서도 무심한 수준에 그쳤습니다. 체력적 소진감은 시간이 지나면서 감소하는 게 맞다 치더라도 그 과정에서 불가피하게 겪게 되는 무기력감을 비롯한 여러 마음의 문제들은 시시각각 엄마를 짓누르므로 단순히 '시간이 약이네' 하는 식으로 덮어 버릴 수는 없습니다. 이 책에서 몸의 힘듦을 짧게나마 가장 먼저 다루고자 하는 것도 이런 이유에서입니다.

1장에서는 이런 체력적 소진감을 '노동', 특히 '몸 노동'의 시각에서 다시 들여다보면서 엄마와 가족이 어떻게 대비하면 좋을지 이야기해 보려 합니다.

엄마 마음 약국을 열기 전에 우선 알아야 할 점은 이 약국이 필요한 사람이 특별히 문제가 있거나 마음이 유독 약한 게 아니라는 것입니다. 출산과 육아를 통해 '엄마'라는 존재가 되는 것은 대단히 버거운 일입니다. 아래에서 하나씩 살펴보겠지만, 육아는 온통 낯선 일을 해치우며 온갖 감정으로 뒤범벅된 진흙 길을 걷는 것이라 할 수 있습니다. 탄탄대로는 절대로 없습니다. 단 한 번도 눈물을 흘리지 않고 이 길을 완주해 내는 사람은 없습니다. 때로는 아이가 몸이 아파서, 때로는 아이가 낙담해서, 또 때로는 엄마가 몸이 아프거나 절망해서 진흙 속에 발이 푹푹 빠지곤 합니다. 마음 약국이 필요 없는 엄마는 없다는 말입니다.

심리학자 에릭 H. 에릭슨Erik Homburger Erikson의 인간이 8단계에 걸쳐 발달한다는 '심리 사회적 발달 이론'을 한 번씩 들어 보셨을 것입니다. '신뢰 대 불신'의 개념이 형성되는 유아기(1단계)에서 시작하여 '정체성 대 혼돈'의 과업에 직면해야 하는 청소년기(5단계)를 거쳐 '생산성 대 침체'의 과업을 완수해야 하는 장년기(7단계)에 들어갑니다. 제가 막 성인이 되어 이 이론을 배웠을 때는 꽤 수긍이 되어 저의 유아기와 청소년기 등을 되돌아보며 해당 단계의 과업을 잘 해냈던지 판단해 봤던 기억이 납니다. 아울러, 이 발달 이론은 미숙한 어린 시절에서 출발하여 나이가 들어감에 따라 '상승하는 화살표' 방향으로 성숙되고 완결되는 이미지로 다가왔습니다. 마지막 8단계의 과업이 '자아 통합'인 것처럼요.

하지만 막상 엄마가 되어 보니 장년기 과업이 너무 단순하게 설정되었다는 생각이 들었습니다. 성인이 자신의 일에만 집중하면서 '생산성'을 쟁취하는 건 쉽지는 않겠지만 가능한 일입니다. 하지만 엄마라는 '특별한 성인'이 되면, 화살표의 상승세가 잠시 멈출 수밖에 없습니다. 엄마는 자신에게만 집중할 수 없으며 다른 대상(아이)을 책임져야 하기 때문입니다. 이 아이는 아주 소중하지만 유약하여 엄마의 신경을 온통 잡아먹기 때문에 상승은커녕 직선을 유지하는 것조차 버겁고 심지어 화살표가 아래로 꺾일 때도 있습니다. 현대인의 마음을 사로잡는 용어인 '자기 계발'이 엄마가 되면 잠시 암전 상태가 됩니다.

일정 시간 시행착오를 겪으며 고군분투하다가 마침내 '생산'에 이르는 일반적인 일들과 달리, 생명을 지켜 내는 육아는 하루하루가 생산과 자기 침체의 반복이며 비율로 따지면 생산은 가뭄에 콩 나듯 하는 일일 뿐입니다. 만약 에릭슨이 '엄마'였다면 8단계의 내용이 좀 더 달라지지 않았을까, 최소한 '일반적인 생산'과 '생명을 보호하면서 이루어 내는 생산'을 세분화하지 않았을까 생각해 볼 정도로 육아는 그 어떤 일보다도 막중한 장년기 과업입니다.

육아를 통해 정신적으로 성숙해지는 건 사실입니다. 자신뿐만 아니라 다른 생명까지 돌보는 만큼 성숙의 그릇이 더 커지는 것만은 분명합니다. 하지만 결과가 좋다고 해서 과정 중에 겪게 되는 마음고생을 없던 일로 칠 수는 없습니다. 고생을 한 사람의 마음속에는 필연적으로 상처가 남기 마련이며, 이 상처는 절대 저절로 사라지지 않습니다. 상처를 무시하다 보면 본인의 영혼뿐 아니라 아이와 다른 가족의 영혼에도 좋지 않은 영향을 미치게 됩니다. 더욱이 고생이 육아의 공동 책임자 중 한 사람에게만 몰린다면 그 영향은 더욱 커지겠죠. 누구는 우울, 누구는 불평불만 등 각자의 상처를 표출하는 방법은 다르겠지만 가족의 행복에 걸림돌이 된다는 점은 분명합니다. 한 사람의 희생 위에 세워진 가족의 행복은 오래갈 수 없으니까요. 수고를 위로하고 짐을 나누면서 모두가 행복할 수 있는 최대공약수를 잘 찾아야겠습니다.

처음 겪는
노동의 세계

한국의 현대 여성들은 이전 세대의 여성들과 달리 집안의 남자들만 정규 교육을 받고 본인을 포함한 자매들은 집안일을 하는 세상에서 자라지 않았습니다. 즉 남자들과 똑같이 공부하고 대학 입시를 준비했습니다. 예외적인 가정이 있긴 하지만 졸업 후에는 취직 준비에 바빠서, 취직 후에는 적응하느라 바빠서, 독립해서 살아 본 여성이 아니라면 가사를 해 본 경험이 많지 않을 것 같다고 생각합니다.

이런 여성들이 출산하면 갑자기 '노동'을 하게 됩니다. 온통 머리만 쓰며 살아왔는데 어느 날부터 하루 세 끼 누군가의 밥을 차려 줘야 하고 청소도 해야 하고 빨래도 해야 하는 몸 쓰기가 시작됩니다. 참 이상한 점은, 한 번도 해 보지 않았던 힘든 노동인데도 여성이라는 이유만으로 '당연히' 잘해야 한다는 분위기이며 못하면 문제가 있다는 식으로 평가받기도 한다는 것입니다. 한 번도 안 해 봤는데 어떻게 잘할 수 있다는 걸까요?

세상에 이런 노동은 없습니다. 수습 기간이 없습니다. 쉬는 시간이 없습니다. 대체 인력이 없습니다. 식사 시간도 불규칙합니다. 퇴근이 없으니 밤에도 마음 편히 잘 수 없습니다. 체력이 심히 달리는 건 당연합니다. 현대 세상에, 그것도 '선진국'이라는 나라에서 '노동자'를 이렇게까지 몰아붙이는 사업체가 있을까요? 육아는 아주 중요한 가정 사업체로 봐야 하는데 말이죠.

그래도 엄마들은 비록 경험해 보지 못했던 노동임에도 '잘'해 보겠다고 책임감을 가져 보지만 이내 전의를 상실하게 됩니다. 여성은 이 사업체의 사장인 동시에 직원으로 많은 일을 하는데 남성은 그야말로 '바지 사장'으로만 있기 때문입니다.

'이러한 상황은 민주적인가?', '여기에 평등이 있는가?', '그는 나를 사랑하는 것이 맞나?'와 같은 엄마들의 회의와 좌절이 시작됩니다. 답을 줘야 할 사회와 정부는 '무형'인데다, 육아 문제를 해결할 정책이나 법안이 단시간에 뚝딱 만들어지는 것도 아니다 보니 탓하는 것조차 버거워집니다. 그래서 결국 '유형'의 남편에게 모든 원망이 향합니다. 그를 바라보는 눈빛에 복잡한 감정이 스며들기 시작하고 다툼이 잦아지면서 감정의 골이 깊어져 갑니다. 아이가 태어난 후 오히려 부부 사이가 나빠지는 건 흔한 가정의 모습입니다.

육아는 엄연한 노동판입니다. 따라서 노동자가 안전하고 충분한 휴식을 취하면서 전념할 수 있는 환경이 마련되어야 합니다. 임신 소식을 들으면 태어날 아기를 부푼 마음으로 기다리며 아기 신발이나 모빌도 미리 사곤 하지만 정작 준비해야 할 1호는 따로 있습니다. 그것은 바로 아이의 출생과 더불어 변하게 되는 가정 노동 환경에 대한 인식과 대비입니다. 아내가 전업맘이라면 24시간 연중무휴의 노동을 한다는 것을 인식, 인정하고 그에 상응하는 보상을 주어야 합니다. 그 보상의 가장 큰 부분은 위로와 공감, 현실적인 가사 분담일 것입니다. 남편이 가져다주는 월급봉투가 다가 아니라는 말입니다. 아내가 워킹맘이라면 다른 변수들까지 아주 잘 관리해야 합니다. 가장 큰 변수는 '시간 관리' 혹은 '시간 분배'입니다. 전업맘은 아이와 같이 시간을 보낼 수 있는 1차 담당자가 되지만 워킹맘은 그렇게 할 수 없기 때문입니다.

아빠라면 아이에게 주어야 하는 '현재의 시간' 외에 아내의 '미래의 시간'에도 부디 관심을 기울여 주십시오. 전업맘이라도 언젠가 일을 해야 하거나 하고 싶어 하고, 워킹맘도 남편과 똑같이 회사에서 능력을 인정받고 승진의 기회를 잡고 싶어 합니다. 이는 비단 본인들의 욕구에만 해당하는 것이 아니라 가정의 미래의 부와 행복을 위해서도 반드시 필요한 일입니다. 그런데 그런 일은 경쟁이 치열한 이 사회에서 가만히 앉아서만 맞이할 수 있는 것은 아니며 부단한 능력 계발을 통해서만 이룰 수 있습니다. 하지만 엄마는 도대체 언제 능력 계발을 할 수 있을까요?

전업맘과 워킹맘의 하루에 자기 계발 시간이 있어야 한다고 생각해 어떤 행동이나 실천으로 배려해 주는 아빠들을 많이 보지 못했습니다. 그저 "알아서 해"라는 말이 다입니다. 엄마들은 미래의 행복을 위해 능력을 닦을 '시간'이 필요합니다. 하지만 엄마의 시간 경쟁자인 아이는 조금의 틈도 허용하지 않습니다. 엄마가 자기 계발에 몰두할 수 있도록 아빠가 아이의 '시간'을 커버해 줘야 이 사업체는 정상적으로 돌아갈 수 있습니다.

모든 사업체는 연간 계획이 있고 그에 따라 기획 재정안이 세워집니다. 육아는 20년에 걸친 초대형 사업이며 특히 초기 10년은 분초를 허투루 쓸 수 없는 골든타임입니다. 그리고 상당히 급박하게 돌아가는 시간이기도 합니다. 아이가 24시간 돌봄을 받아야 하기 때문입니다. 이 사업은 머리를 쓰는 것만으로는 굴러가지 않으며 사장님, 즉 보호자가 몸을 써서 지켜 줘야 하기 때문에 앉아서 타자를 치고 문서를 읽으며 엄지손가락으로 스마트폰을 검색하는 수준의 육체노동만 해 왔던 젊은 엄마 아빠들은 시작부터 질립니다.

질려도 해내야 할 수밖에 없는, 고도의 에너지가 요구되는 이 일을 엄마 혼자서는 할 수 없습니다. '당신 참 힘들겠다'라는 위로와 공감을 해 주고 '당신 정말 대단하다'라는 칭찬도 해 주면서 엄마가 쉴 수 있는 시간, 능력을 닦을 수 있는 시간을 가질 수 있도록 생활 설계를 해야 합니다. 그래도 못 지키는 날이 허다하겠지만 설계라도 하는 건 도와주려

한다는 마음을 보여 주므로 큰 힘이 됩니다. '너무 힘들 때 보내는 신호' 같은 것도 미리 정하여 그런 신호가 들어오면 만사를 제쳐 놓고 육아의 짐을 나누어야 합니다.

　이런 말들이 자칫 페미니즘의 색채로 비쳐질 것을 경계합니다. 그 이유는 이 책은 마음의 상처를 치유하는 목적으로 쓰인 것인데, 자칫 편을 가르는 식의 오해가 생겨 오히려 상처가 커질까 염려되기 때문입니다. 무엇보다, 저는 '~이즘ism'으로 인간의 삶을, 특히 엄마들의 삶을 규정짓고 싶지 않으며 그저 엄마들이 상처받지 않고 행복하기를 바랍니다. 당연히 아빠들도요. 이 책의 주제상 아빠들의 행복에 대한 비중이 작게 다루어지긴 했지만요. 그럼에도 페미니즘은 지금의 한국 결혼(부부의) 상황을 현실적으로 인식하는 데 꽤 정확한 시각을 제공하는 부분이 있다는 것은 인정해야 합니다. 그러니 이 책에서 그런 색채로 느껴지는 표현이 간간이 나오더라도 '표현을 위한 도구' 정도로만 받아들여 '손가락'보다는 '달'을 지켜봐 주시기를 부탁드립니다.

앞 절에서 육아가 처음 겪는 노동의 세계라 힘들고 당황스럽다고 말했지만 좀 냉철하게 들여다보면 이 노동은 초고난도는 아닙니다. 고도의 능력을 발휘해야 하는 것은 아니라는 말입니다.

그럼에도 육아가 힘든 이유는 두 가지로 생각해 볼 수 있습니다.

첫 번째, 잠시도 쉴 틈 없이 아이에게 집중해야 하기 때문입니다. 이조차도 힘에 부치긴 하지만 육아가 힘든 핵심 원인에는 심리적 저항이나 거부도 상당히 있다고 생각합니다. 우선 육아는 상당히 구차한 단순 노동의 연속이라 왠지 정신이 고갈된다는 생각이 듭니다. 기저귀를 갈아 주고 하루에도 몇 번씩 분유를 타고 이유식을 준비하며 집안을 청결하게 유지해야 하는 것은 방이 더러워도 모른 척 침대로 뛰어들곤 했던 우리에게 엄청난 짜증과 스트레스를 불러일으킵니다. 무엇보다도, 이런 일에 창의성이라든지 '나'의 정체성은 찾을 수 없습니다. 우리가 '나다운' 모습으로 규정해 놓은 것들이 육아를 하는 동안에는 단 10분도 온전히 발현되기 힘듭니다. '나'는 대체로 우아하고 배려심이 있고 소통도 잘하는 사람이었는데 이제는 성급해지고 정신없어지고 소리도 잘 지르게 되었습니다. 그러다 보니 '이러려고 그렇게 죽기 살기로 학교에 다녔던가'와 같은 회의가 듭니다. 저도 육아 초기에는 '국영수 과목은 필요 없었다. 가정(요즘은 '기술·가정') 과목만 잘했으면 되었다'라고 생각하며 한탄한 적이 많았습니다.

두 번째, 우리는 은근히 몸 노동을 하찮게 보는 경향이 있습니다. 무슨 일을 준비하다가 "정 안되면 건설 현장에서 벽돌이라도 나르지 뭐, 시장에서 배추 장사라도 하면 되지 뭐"라는 말을 하는 것처럼요. 자신이 하찮게 여기던 '그것'을 몸소 하게 되니 마치 자신이 '하찮은' 존재가 되어 버린 듯한 착각이 일어납니다.

생명을 키우는 원천, 몸 노동

인식을 전환해서 몸 노동의 가치를 바로 봐야 합니다. 나이가 들어 보니 나와 가족을 먹이고 입히고 편하게 자게 하는 그 직접적인 행위인 몸 노동만큼 고결하고 필수적인 게 없다는 생각이 듭니다. 성공, 멋져 보이기, 으스대기만이 삶의 모든 것인 양 달려오면서 정작 그 '삶'에 한 번도 제대로 녹아들어 보지 못한 채 반쪽으로만 살아온 우리 인생을 육아는 완벽하게 균형 맞춰 줍니다. 책을 통해서만이 아닌, '진짜로' 생명을 자각하고 키워 보는, 심장을 뛰게 하는 바로 그 일입니다. 진짜 인간을 인간답게 하는 것은 손에 물 한 방울 묻히지 않은 채 '고상하게' 사는 게 아니라, 아이의 배설물까지도 너끈히 치워 내는, '구차스럽기 짝이 없는' 삶이라는 것을 비로소 알게 됩니다.

당신이 젊었을 때 아침 늦게 일어나도 항상 식탁에 차려져 있던 따뜻한 밥, 후다닥 등교하거나 출근하러 나갈 때 현관에 가지런히 놓여 있던 신발, 정신없이 정류장으로 뛰어갔을 때 어김없이 도착했던 버스 등 너무나 당연한 것으로 누리고 받았던 그 모든 혜택 뒤에는 가족과 수많은 타인의 몸 노동이 있었습니다. 이제, 그것을 당신이 해야 할 때가 되었을 뿐입니다. 그 시기가 생각보다 너무 빨리 왔죠? 좀 더 인생을 즐기고 좀 더 폼 나게 살다가 해야 했는데, '내 꽃'은 아직 피지도 못한 것 같은데 다른 꽃이 피어나도록 도와줘야 하는 지금의 상황이 너무 기가 차죠?

세상에서 가장 소중한 '내 아이'도 엄마의 리즈 시절의 매력과 체력을 독차지할 권리가 있음을 떠올리면 좀 덜 애석할 것입니다. 육아를 좀 더 나중에 할수록 체력이 심하게 떨어져 아이를 안기 힘들고, 아이가 공놀이하자는 말만 해도 움찔 부담스러우며, 운동회 날 '엄마 달리기 대회'에서 잘 달릴 수도 없습니다. 아이들은 참 이상한 데서 자존심을 세우더군요. 엄마가 부모 참관의 날에 교실 뒤에 '자비롭게' 미소 지으며 서 있는지, 운동회 날 '씩씩하게' 잘 달리는지, 관심 없는 척하면서도 엄청 신경을 씁니다.

어린 꽃을 키워야 하는 상황이 되었다고 해서 갑자기 당신의 아름다움이 증발하는 것도 아닙니다. 어린 새싹 옆에 창창히 서 있는 해바라기를 떠올려 보세요. 새싹 못지 않게 해바라기도 정말 예쁘고 멋있습니다. '내 꽃'은 여전히 계속 잘 피어나는 중입니다. 새끼를 낳고 바로 죽어 버리는 어떤 동물과 달리, 인간 아이의 엄마는 아이와 나란히 계속 성장하면서 만개하니 걱정하지 않아도 됩니다.

미국의 한 학자가 육아의 연봉을 1억 3,000만 원으로 책정했다는 글을 읽은 적이 있습니다. 만약 육아가 이런 고액 연봉직이라면, 아니면 사람들로부터 존경의 눈길을 받는 자원봉사로 인정받기라도 한다면 엄마들의 힘든 느낌이 덜할 것입니다. 물론 하나 마나 한 소리이긴 합니다. '지 새끼 키우면서 무슨 연봉에 자원봉사?' 하는 비아냥거림이 들리는 것 같네요. 요지는, 그 정도의 고액 연봉에 해당하는, 또 자원봉사만큼 값진 일이 육아라는 겁니다.

그렇다고 정부까지 이런 얘기들을 하나 마나 한 소리로 쳐서는 안 될 것입니다. 비록 육아의 당사자인 부모는 자식 농사를 '주관적'이고 '정신적'으로밖에 접근할 수 없지만 정부와 사회는 그 가치를 '객관적'으로

'수치화'해야 합니다. 유럽에서는 육아의 남녀 분담이 공평하게 이루어지는 편이며 그중에서도 특히 네덜란드는 남편과 아내가 집안일과 육아를 공평하게 분담하는 것으로 알려져 있습니다. 또한 육아휴직 기간 내내 100% 임금이 보전되는 제도가 정착되어 안 쓰면 손해라는 인식이 팽배할 정도라고 합니다. 북유럽 국가들의 행복 지수가 높게 나오는 데는 다 이유가 있다고 생각합니다.

미래의 국민인 아이가 잘 자랄 수 있도록 합리적인 육아 정책이 뿌리내린다면 '언제 육아가 끝나나?'라면서 엄마들이 우울증에 빠질 일도, 엄마와 아빠가 대판 싸울 일도 거의 없을 거라고 생각합니다. 왜냐하면 애당초 육아는 행복해지기 위해 시작한 거였으니까요. 불가피하게 생채기를 내는 잔가지들만 치워 주면 육아의 원래 가치는 고스란히 빛을 발할 것입니다. 그 첫 번째로 치워 줄 잔가지는 엄마들이 무엇을 힘들어하는지 제대로 파악하여 현실적 대처 방안을 마련하는 것이라고 생각합니다.

아빠들께 드리는 말은, 아내가 많이 우울해하고 자주 짜증을 낸다면 휴식 시간을 갖도록 해서 체력을 회복하도록 배려해 보십시오. 의외로 큰 효과에 놀랄 것입니다. 물론 쉽지는 않겠지만 열 길 물속보다 깊고 복잡한 아내의 마음을 다루는 것보다는 그나마 눈에 보이는 신체적 피로를 덜어 주는 일이 훨씬 쉽지 않을까요? 이 부분이 조금이라도 개선

된다면 어쨌든 당신은 도움을 주었다고 말할 수 있고, 아내의 마음 약국은 본격적으로 가동되기 시작할 것입니다. 마음 약국에서 약을 만들려 해도 '시간'과 '체력'이 있어야 하니까요.

몸이 힘든 건
끝이 있다

     처음 겪는 노동의 세계인 육아, 다행히도 끝이 있습니다. 육아, 아이를 기른다는 뜻이잖아요. 그러니 자식이 '아이' 시기를 벗어나면 육아도 사실 끝입니다. 그 시기가 언제인지는 사람마다 다르겠지만 제 생각에는 어느 정도 자신을 스스로 지킬 수 있는 나이인 대략 10세라고 생각합니다. 물론 여기서 '끝'이란 몸 노동의 차원이긴 합니다. 아이가 성인이 될 때까지, 특히 한국에서는 자식이 결혼 등으로 완전히 독립할 때까지도 정신적으로 챙겨 주고 신경 쓰는 일은 계속됩니다.

    10세 정도 되면 엄마들은 긴박하게 돌아가던 몸 노동에서 크게 벗어납니다. 10세는 굉장히 넓게 본 것이고 6~7세만 되어도 한시름 놓게 되고, 아주 좁혀서 만 3세, 즉 대부분의 아이가 보육 기관에 갈 때쯤 되면 가물가물 기억도 나지 않던 '자유'의 맛이 다시 떠오르며 한결 여유를 가져 볼 수 있습니다. 코로나19 상황에 접어든 이후 엄마들이 유독 힘들어했던 것도 이 '예상되었던' 조촐한 여유와 자유마저 허락되지 않은 채 노동의 시간이 기약 없이 연장되었기 때문이죠.

물론 아이가 10세가 넘었어도 여전히 어리고 약해서 강력하게 보호해 줘야 합니다. 하지만 10세를 넘으면 엄마가 전일적으로 '육아'를 하는 게 아니라 가족의 한 사람으로 '공존'하기 시작합니다. 누워만 있거나 아장아장 걷기만 할 때도 엄마에게 위로와 기쁨을 주었던 아이지만 10세가 넘으면 위로를 넘어 엄마를 도와주는 일까지도 썩 잘합니다. 육아가 끝나지 않을 것인 양 낙담하고 우울감에 빠지는 것만 조심하면 엄마의 인생은 반드시 다시 피어납니다. 선배 엄마들이 '다 지나간다'라고 말하는 게 바로 이 의미입니다.

이렇듯 분명 끝이 있는 육아지만 가장 힘든 시기에 무력해진 엄마들은 그런 어려움이 계속될 것만 같고 덩달아 자기 인생에도 빛이 없을 거라고 자포자기할 때가 많습니다. 이것은 굉장히 중요한 지점으로, 생애 어느 한 시점에서 겪었던 부정적인 감정을 인생 전반으로 확대하고 심지어 미래까지도 비관적으로 전망하는 우울증 환자들과 유사한 마음 상태에 놓이기 때문입니다. 산후의 엄마들 역시 '지금과 달라지지 않을 것 같은' 비관적인 전망에 빠져 우울해집니다.

저는 친구들에 비해 7년 정도 늦게 아이를 낳는 바람에 친구들과 공유하는 시간대가 크게 차이 났습니다. 제가 홀가분하게 살 때 친구들은 아이들을 키우느라 바빠서, 친구들이 아이를 어느 정도 키운 후 여유가 있을 때는 제가 정신이 없어서 자주 만나지 못했습니다. 어느 날 첫째 아이가 초등학교 2학년 때쯤 어렵게 시간을 내어 주말에 친구를 만났는데, 아이들 점심은 어떻게 하고 왔는지 물어보니 "삼겹살 구워 먹으라고 했어"라고 말하는 거 아니겠어요? "뭐? 삼겹살을 애들이 직접 굽는다고?"라고 물으니 "그럼, 중학생인데 그 정도는 껌이지"라고 해서 깜짝 놀란 적이 있었습니다. '나'의 육아 세계에서는 꿈도 꾸지 못했던 일이었기 때문입니다. '나는 언제 애들이 커서 스스로 밥을 차려 먹나?' 하는 생각이 들었지만 그런 때가 반드시 오더라고요.

세상에는 끝이 있는 게 의외로 많지 않습니다. 집안일처럼 끝이 없는 게 대부분입니다. 이에 더해 병에 대한 걱정, 실패에 대한 불안, 죽음에 대한 두려움 등도 끝을 보긴 힘들죠. 공부도 끝이 없는 것 중 하나인데, 그래도 박사 학위를 받으면 일단 끝으로 인정해 주긴 합니다. 박사 논문을 준비할 때 선배들이 농담 반 진담 반으로 "박사 되려다가 백발 되는 사람, 이빨 빠지는 사람, 심지어 명을 달리 하는 사람이 있다"라는 말을 한 적이 있습니다. 그만큼 스트레스가 심하다는 뜻이었습니다. 실제로 박사 논문을 준비하던 지인이 비슷한 일을 겪어서 아직도 가슴 한편에 이 말이 남아 있습니다. 하지만 육아를 통과하는 엄마들에게 그런 일이 일어나는 걸 본 적은 없습니다. 오히려 더 예뻐지고 아름다워지고 빛나기만 하더군요. 물론 아이들에게는 "너 키우느라 엄마가 폭삭 늙었다"라고 생색을 내지만 본질이 그게 아니라는 건 우리 모두 잘 알고 있죠. 우리는 흔히 스트레스에 대해 부정적으로만 생각하지만 이런 의미를 갖는 '디스트레스distress' 외에 긍정적 결과를 가져오는 '유스트레스eustress'도 있습니다. 생명을 키워 내는 일 또한 스트레스는 맞지만, 정확하게는 유스트레죠. 일반적인 스트레스와 차원이 다릅니다.

말이 길어졌지만, 결국 육아는 끝이 있다! 이 사실을 알고 멀리 내다봅시다. 잠시 정체된 듯한 당신의 삶은 계속 이어지며 제2의 전성기가 반드시 옵니다! 그러니 육아의 1차 완성기가 끝날 때까지, 특히 가장 몸이 힘든 출산 후 3년까지 엄마들이 가장 신경 써야 할 것은 체력을 잘 비축하고 건강을 유지하는 것입니다. 아이가 먹을 때 '오늘 같이 먹고 죽으리라'라는 생각으로 깔깔대며 맹렬히 먹고, 아이가 놀 때 '이것도 운동이다'라고 생각하며 같이 뒹굴고, 아이가 잘 때 같이 자거나 대자로 누워 눈을 감고 심호흡하면서 휴식을 취해 보세요. 이렇게 엄마가 아이와 리듬을 맞추면 가장 힘든 3년 고개, 후딱 지나갑니다. 아이와의 리듬이 틀어지면 하루 종일 피곤하고 잠을 자도 피로가 가시지 않습니다. 젊은 엄마들은 아이가 놀거나 잘 때 스마트폰으로 사진을 찍어 올리는 일이 다반사인데 기분 전환으로 잠깐 하는 것은 좋지만 '좋아요'를 몇 개 받는지 지나치게 신경 쓰며 계속 매달리는 것은 육아 리듬에서 크게 벗어나는 일입니다.

혹시라도 아이가 10세가 넘었는데도 여전히 육아가 힘든가요? 그렇다면 사춘기로 접어든 아이를 여전히 어린아이처럼 키우고 있지 않은지 생각해 보세요. 혹은 아이의 미래를 엄마 자신의 미래와 동일시하여 아이가 책임져야 하는 영역에까지 지나치게 동동거리고 있는 건 아닌지도 한번 생각해 보세요.

2장

엄마가 되면
마음은 더 힘들다

1장에서 살펴본 엄마의 체력적 소진감에 대한 내용에 이어 2장에서는 심리적 소진감에 대해 이야기해 보겠습니다. 상담실에서 만나는 젊은 엄마들의 심리적 어려움을 들어 보면 '아이가 잘못 클까 봐 불안하다', '나는 좋은 엄마가 못 되는 것 같다', '다른 집에서 태어났더라면 더 행복하게 살았을 텐데 이런 집에 태어나게 해서 미안하다' 등 표현은 다르지만 무력감과 우울감이 동반된 육아 불안이 상당히 심합니다. 이런 감정을 간혹 느끼는 사람도 있지만 거의 매일 경험하면서 하루하루 버티는 것조차 힘들어하는 사람도 많습니다.

'마음 약'을 만들기에 앞서 우선 드리고 싶은 말은, 너무 힘들 때는 전문가의 도움을 반드시 받아야 한다는 것입니다. 마음이 지치면 자신이 처한 상황을 객관적으로 보지 못하고 에너지가 심하게 다운됩니다. 그런 상황에서는 이런 책을 읽는들 눈에 들어올 리도 없습니다. 도움을 받을 수 있는 가족이나 친지가 있고 전문가에게 상담을 받을 수 있는데도 굳이 스스로를 한계 상황으로 몰아붙이지 말기 바랍니다.

스스로를 한계 상황으로 자주 몰게 되면 마음이 체하게 됩니다. 우리가 속이 체하면 무얼 잘못 먹어 그런 것인지 곰곰이 따져보잖아요. 마찬가지로 무엇 때문에 마음이 자주 체하는지 차분하게 먼저 살펴볼 필요가 있습니다.

엄마들은 왜 그렇게 아이를 낳은 후나 키우는 중에 마음이 체할 정도로 복잡한 감정에 휩싸이는 걸까요?

모든 힘든 감정의 시작,
산후우울감

　　출산 후 육아를 시작하면서 겪게 되는 엄마들의 복잡한 감정에는 기본적으로 우울감이 깔려 있습니다. 대부분의 산모는 심한 산후우울증까지는 아니더라도 어느 정도의 산후우울감을 겪게 되는데 이 우울감은 죄책감, 자신감 저하 등으로까지 확대됩니다.

　　산후우울감은 눈물이 쉽게 나고 걱정이 많아지는 등의 '비교적 가벼운' 우울을 느끼면서 2~3개월 안에 안정되는 반면, 산후우울증은 무가치감, 죄의식, 불안, 자살 사고까지도 같이 나타나는 '상당히 심한' 우울을 느끼면서 꽤 오랜 기간 증상이 지속되는 경우를 일컫습니다. 중요한 점은, 산후우울증은 산모의 10~20% 정도에서 발병하지만 산후우울감은 85% 정도가 겪을 정도로 흔하다는 것입니다. 산후우울증의 발병 비율인 10~20%도 결코 낮은 수치가 아니지만 산후우울감 발생 비율이

85%라면 대부분의 산모가 걸리는 걸로 봐야 합니다. 저도 그 85%에
들었었고요.

모든 엄마는 우울감을 느낀다

앞에서도 얘기했듯이 저는 친구들보다 약 7년 늦게 아이를 낳았습니다. 아이를 낳으면 나만의 시간을 갖기 힘들 거라는 걸 예상했기에 전문가 자격증 취득과 같은, 해 놓을 수 있는 공부도 최대한 앞당겨 준비하면서 기쁜 마음으로 아이를 기다렸습니다. 양수가 터져 새벽에 병원으로 가기까지 임신 기간도 특별한 문제없이 순조롭게 지나갔습니다.

이윽고 진통이 시작되었고 파도같이 계속 밀려오는 상상을 초월하는 산통에 몇 번이나 까무러칠 정도로 힘들었지만, 어쨌든 아이는 무사히 제 팔에 안겼고 이어서 가족과 친지의 축하를 받느라 정신이 없었습니다. 병원에 있을 때는 축하 인사를 받느라, 젖 물리기, 분유 먹이기, 목욕시키기 등에 대한 교육을 받느라 시간이 빠르게 지나갔습니다.

그런데 퇴원 후 다음 날 아침에 눈을 떴을 때부터 눈물이 나기 시작했습니다. 지금처럼 산후우울증 진단이 흔할 때도 아니었기에 제 상태를 어떻게 이해하고 받아들여야 할지 생각조차 하지 못했습니다. 제가 밤낮으로 울었다면 정신과 약을 먹는 것을 고려했을 것입니다. 하지만

신기하게도 오후 4시쯤 되면 눈물이 멈추었습니다. 낮에는 아이만 봐도 울음이 나오고 밤에는 아이를 보는 게 행복한, 급성조울증 같은 상태가 한 달 보름여 지속되더니 이윽고 안정되기 시작했습니다. 이후 정상적으로 복직했고요. 당시에는 출산 휴가가 법적으로 보장되던 때가 아니어서 2개월을 쉰 것만으로도 큰 다행으로 여기며 씩씩하게 출근했던 기억이 납니다. 물론, 그날 아침에 아이를 두고 나올 때 눈물, 콧물을 쏙 빼긴 했지만요.

그 후에는 아이 둘을 키우며 허덕대면서 살아오느라 그때의 산후우울감을 더 이상 깊이 들여다보지 못했습니다. 산후우울감 저리 가라 할 정도의 더 복잡한 감정들을 경험하게 된 것도 한 가지 이유였겠습니다. 이제라도, 모든 엄마는 산후 일시적으로든 장기적으로든 우울감을 느낄 수밖에 없다는 것을 확실히 알리고자 합니다. 저처럼 펑펑 울지는 않더라도 말이죠. 하지만 대부분은 그런 우울감을 내버려 두곤 하는데요. 아이가 너무 예뻐서, 출산이 너무 홀가분해서(다 끝났으므로), 너무 약해 보이는 아이를 보호하기에 바빠서 자신의 감정 따위(?)에 관심을 기울일 여유가 없어서입니다.

잠시 우울감을 자각할 때도 있지만 마치 '그런 감정을 느껴서는 안 되는' 양 오히려 죄책감 쪽으로 이동시켜 놓기도 합니다. 주변 사람들의 태도도 그런 모습을 강화합니다. 제가 그렇게 펑펑 울 때 주변의 어느 누구도 "왜 그렇게 우니? 뭐가 그렇게 두렵니?"라고 물어봐 준 사람이 없었습니다. '체력이 약해서 그런 것이다', '아이를 생각해서 힘을 내야지, 왜 그렇게 나약한 모습을 보이냐'라는 식의 조언은 많았지만 제 감정을 읽어 주고 이해해 준 사람은 한 명도 없었습니다. 물론 그들의 잘못은 아닙니다. 당시 저의 증상을 제대로 안 사람은 없었습니다. 남편은 아침에 출근했다가 밤에 오니 저녁에 기분이 좀 나아진 아내가 그저 조금 가라앉은 목소리로 "낮에 울었다"라고 해도 '심각한 건 아닌가 보다' 하고 가볍게 여겼던 것 같고 집안 어른들을 포함하여 지인들에게조차 제 형편을 속속들이 알리지 못했습니다. 존경하던 은사님이 낮에 출산 축하 전화를 하셨을 때도 울음을 감추느라 단답으로만 인사를 드렸는데 제가 너무 성의 없이 전화를 받는다고 오해하셨을 것 같아 지금도 죄송한 마음입니다. 제 직업상 어쩌면 우울증에 대한 무의식적 공포가 있었는지도 모르겠습니다.

아마도 여러분의 가족도 그런 태도를 보였거나 보일 수 있습니다. 그들은 왜 엄마의 감정 따위는 안중에도 없어 보일까요? 그들도 몰라서 그렇습니다. 딸의 '출산 후 감정'을 가장 잘 알고 있을 듯한 친정어머니 또한 당신의 출산 시에는 주변인들의 무심한 태도에 입도 뻥긋 못 했을 것이고 이후에는 육아를 비롯한 삶을 치열하게 살아 내느라 그런 감정을 느꼈다는 게 가물가물할 것입니다. 혹은 '나도 다 겪은 것인데 너만 유별나게 힘들다고 난리냐?'라는 속마음이 있을 수 있고, 어머니 세대에서 보면 요즘 산모들은 대부분 비싼(?) 산후조리원에서 쉬다 나오는 것으로 보이기에 '넌 나보다 행복한데 뭐가 문제냐'라는 시기심 비슷한 감정이 무의식적으로 깔려 있을 수도 있습니다.

산후우울감의 원인으로 강력한 설명력을 갖는 것은 에스트로겐, 프로게스테론 등의 호르몬입니다. 여성의 자궁을 튼튼하게 유지하는 데 쓰였던 이 호르몬들이 출산 후 48시간 내에 90~95% 정도 감소한다니 말 다했죠. 에스트로겐은 긍정적인 정서에도 매우 중요한 호르몬으로, 이 호르몬의 분비 감소가 갱년기 우울증의 원인으로 지목되는 데서도 잘 드러납니다. 그런 호르몬이 출산 후 급격하게 빠져나간다면 우울하지 않은 게 더 이상한 일입니다.

산후우울감은 평화롭게 흘려보내기

산후 엄마들은 호르몬의 영향을 크게 받는다는 것을 다시 한번 명심합시다. 아기 새끼손톱 분량만큼도 안 될 정도로 적은 양이지만 '축 탄생'의 날들을 기쁘게만 받아들일 수 없을 정도로 엄마들에게 강력한 쇠약함을 유발합니다. 혹시 아이를 낳은 후 힘들기만 하고 주변 사람들이 축하하고 기뻐해 주는 게 얼떨떨했나요? 그리고 그런 자신의 모습에 당혹스러워하면서 심지어 죄책감을 느꼈나요? 만약 그랬다면 많은 원인이 있겠지만 호르몬 때문일 가능성이 높습니다.

아기를 배 속에 건강하게 데리고 있도록 최고도로 올라갔던 특정 호르몬이 아기와 함께 순식간에 빠져나왔기 때문입니다. 출산 후에도 이 호르몬이 유지된다면 아기를 더 잘 키울 수 있을 것 같은데 왜 이렇게 급격히 감소되는지 확실한 원인이 밝혀지지는 않았습니다. 아기를 보호했던 태반이 더 필요 없어서(밖으로 배출되어서) 그렇다는 설명, 출산 후 발달 단계에 따라 엄마의 몸도 새롭게 준비하기 때문이라는 설명이 있습니다. 마음이 '붕 뜬' 상태에서는 아이를 제대로 보호할 수 없을 테니까요. 임신 상태는 일종의 붕 뜬 상태입니다. 임신 중에 큰 스트레스를 받지 말고 아이만 생각하며 긍정적으로 지내게끔 일종의 긍정 마취제 같은 기능을 하는 호르몬이 강력하게 분비돼서 그렇습니다. 그 호르몬 덕분에 대부분의 임신부는 웬만한 질병 정도는 다 패스하면서 10개월을 버팁니다. 좀 극단적으로 보면 엄마의 몸이 오로지 아기를 위해서만 기능하는 것인지 의심될 정도입니다.

임신과 출산 때만큼 여성이 생물적 영향에 휘둘릴 때가 없습니다. 엄마들이 우울해지는 건 아이를 향한 사랑의 정도와는 아무 상관도 없습니다. 체력이 달리고 호르몬이 감소해서 그런 것입니다. 국토 종단 12번을 할 만큼의 지대한 출산의 고통을 겪어 전신 쇠약증이 왔기 때문입니다. 몸이 약하면 덩달아 우울해집니다. 혈색이 좋고 건강한 사람 중에 우울한 사람을 보기 힘든 것처럼 말이죠.

호르몬의 영향으로 우울해지는 바람에 아기가 예뻐 보이지 않고 걱정이 많아진 것뿐인데, 마치 자신에게 잘못이 있는 양 죄책감을 느껴선 안 되겠죠. 호르몬 때문에 발생한 산후우울감은 시간이 흐르면서 자연스레 감소합니다. 그러니 세숫물을 흘려보내듯이 담담하게 그 시간을 보내 버리세요. 잠시 아기에게 애정이 없는 듯한 '착각'이 들더라도 당황하지 말고 '호르몬 때문이겠지' 하면서 지나치게 괘념치 마세요. 육아를 하면서 드는 힘든 감정이 호르몬 때문인지 진짜 당신의 어떤 마음 때문인지는 출산 후 몇 개월은 지나 봐야 압니다. 정확한 원인을 알기 위해서라도 출산 후 약 100일 정도까지는 감정에 너무 의미를 부여하지 말고 그저 잘 쉬고 잘 먹고 잘 자는 것만 신경 쓰기 바랍니다.

물론 쉬운 일은 아니지만 가족의 도움 등 가용할 수 있는 모든 자원을 동원해야 할 때가 이때입니다. 그동안에는 조리원 비용만 책정해 놓았다면 그 2배, 3배의 예비비를 준비해서 힘들면 가차 없이 외부의 도움을 받으세요. 나중에 건강해지면 그 돈은 얼마든지 되돌려 놓을 수 있습니다. 다행히도 예비비를 쓰지 않게 되었다면 옷을 한 벌 사 입거나 조촐한 가족 여행이라도 다녀오는 등 자신에게 선물을 하도록 합시다.

산후우울감은 아이를 낳으면 누구라도 감기처럼 당연히 오는 것이라고 봐야 합니다. 차이가 있다면, 감기에 걸리면 약도 먹고 몸도 따뜻하게 하면서 푹 쉬는 것을 당연하게 여기는 반면, 산후 감기는 그저 '자타 공인으로' 모르는 척하게 된다는 것입니다. 산후우울감의 심리적 원인에 대해서는 다음 절에서 좀 더 구체적으로 살펴보겠지만 산모의 가족들은 출산 후 미역국만 끓여 줄 게 아니라 '마음 위로 국'도 주어야 한다는 점을 일단 말씀드립니다. 요즘에는 대부분의 산모가 출산 후 산후조리원을 거치기 때문에 다행히도 쉬는 시간을 조금은 가질 수 있습니다. 하지만 조리원에서 나온 후 급격하게 우울감을 느낄 수 있으므로 그곳에 머물 때라도 자신의 마음을 들여다보는 시간을 반드시 갖기 바랍니다. 심리 전문가가 이끄는 집단 심리 상담 같은 정식 프로그램이 있다면 가장 이상적이지만 하다못해 일기를 쓰거나, 쓸 힘이 없다면 스마트폰에 대고 자신의 감정을 말하기라도 해 보세요. 간단해 보이는 이런 방법들은 알고 보면 굉장히 큰 치유 효과가 있습니다. 이에 대해서는 뒤에서 다시 말하겠습니다.

엄마 자신도
잘 모르는 취약성

앞서 출산 후 긍정 기분을 일으키는 호르몬이 90% 이상 쏠려 나간다고 했습니다. 그런데도 어떻게 엄마는 아이를 사랑하고 키우는 걸까요? 그 이유는 즉시 또 다른 좋은 호르몬이 듬뿍 분비되기 때문입니다. 많이 들어 보았을 '옥시토신'입니다. 사랑하는 사람과 눈빛을 주고받을 때부터 분비되는 이 호르몬은 출산 후 본격적으로 분비됩니다. 아이가 너무 예뻐 보이게끔 엄마의 눈을 멀어 버리게 하는 아주 희한한 호르몬입니다. 실제로 옥시토신은 '사랑의 호르몬'이라는 별명을 갖고 있는데, 코에 옥시토신을 분무하여 우울증 환자의 기분을 좋게 한다든지 자폐증 환자의 사회적 상호작용을 높이는 등의 연구도 계속 발표되고 있습니다. 옥시토신 덕분에 그나마 엄마들은 산후우울감을 빨리 극복하는 것 같습니다. 그럼에도 우울감을 일으키는 심리적 소인이 너무 많으면 천하의 옥시토신도 소용없습니다.

육아는 취약성을 유발한다

산후 엄마의 심리 상태를 가장 정확하게 설명하는 용어는 '취약성'일 듯싶습니다. 브레네 브라운Brene Brown의 《마음가면》에도 잘 설명되어 있 듯이, '취약성'이란 '불확실성, 위험성, 감정적 노출'로 정의할 수 있습니 다. '육아가 위험에 노출된 듯한 상황이라고?'라며 의아해할 수도 있겠 는데요. 좀 더 얘기를 들어 보시죠. 브라운이 취약성을 느낄 때의 예로 든 상황들, 이를테면, 다수의 의견에 반하는 의견을 제시하는 것, 누군 가에게 도움을 요청하는 것, 해고당하는 것, 승진했는데 일을 잘 해낼 확신이 없는 것, 조직 검사 후 결과를 기다리는 것, 내가 만든 상품에 반 응이 없는 것 등을 떠올려 보면 좀 더 확실하게 이해될 것입니다. 한마 디로, 실수나 실패의 압박, 무언가 잘못될 것 같은 느낌, 세상으로부터 인정받지 못하거나 자신의 가치가 존중받지 못할 것 같은 두려움의 감 정과 연결된다고 할 수 있습니다.

이와 관련된 의외의 사실은 상대에게 사랑을 고백한다든지 아내나 남편에게 먼저 섹스를 제안한다든지 하는 상황에서도 취약성이 일어난 다는 점입니다. 사랑을 원하면서도 자신의 사랑이 거부당하거나 잘못될 것 같은 두려움이 있기 때문입니다. 더 아이러니한 점은, 기쁜 순간에서 조차도 취약성을 느낀다는 것입니다. 기쁜 만큼 나쁜 결과가 벌어질까 봐 더 두려워질 수 있겠죠. 게다가 무언가를 책임져야 하는 부담감까지 더해진다면 취약성은 더욱 커지겠고요.

자, 육아 또한 엄청난 취약성을 유발한다는 것이 이해되셨나요? 아이가 옆에 있어서 너무 기쁘고 사랑스럽지만, 반면 책임감은 한도 끝도 없이 요구되는 상황이니까요. '이토록 사랑하는 내 가족, 내 아이가 잘 못되면 어떻게 하지?'라는 취약성이 뭉게뭉게 피어오릅니다. 아이가 태어난 후 서로의 역할 분담과 책임 소재로 부부간에 다툼이 잦아지면서 '사랑에 대한 회의감'이 늘어나는 것은 취약성을 더욱 부채질합니다. 취약성에도 불구하고 전진하려면 사랑하는 사람과 설정해 놓은 목표만큼은 흔들리지 않아야 하는데 자주 싸운다면 이 또한 희미해집니다.

제가 출산 후 왜 그렇게 울었는지 이제는 명백히 압니다. 사랑하는 만큼 두려웠습니다. 방긋 웃는 아기들 사진이나 아기를 품에 안고 행복한 표정을 짓는 부모들만 흘깃 보면서 아이를 낳고 '저 푸른 초원 위의 그림 같은 집'에서 살 것 같았는데 막상 낳아 보니 '절벽 위에 서 있는' 느낌이 들 정도로 자신감이 저하되고 과연 이 일을 잘 해낼 수 있을지 불안과 두려움에 압도되었던 것입니다.

이런 육아 감정만으로도 힘든데 브라운은 산후 여성들이 느끼는 사회적 압박감까지 실감 나게 기술한 바 있습니다. 몇 가지 살펴보면, '여자들은 완벽해야 하지만 법석을 떨어서도 안 된다', '자신감이 넘치되 사람들을 불편하게 하면 안 된다', '가족과 배우자와 직장에 충실하면서 성적 매력도 높아야 한다', '자신의 생각을 이야기하되 다른 사람을 화나게 하거나 기분을 상하게 하면 안 된다', '자신의 일을 완벽하게 하되 아이들을 재우고 강아지를 산책시키고 집안 청소까지 끝낸 후에 해야 한다' 등의 압박을 받는다는 내용입니다. 한국이나 미국이나 여성, 특히 엄마들을 향한 사회의 이중적인 태도가 똑같아서 실소失笑가 나오더군요.

문제가 악화되는 것은, 당사자인 여성들이 이런 압박감을 이성적으로 거르지 못하고 내적 수치심으로 연결할 때입니다. 취약성으로 인해 남편을 비롯한 대인 관계가 뻑뻑해지다 보면 겉으로는 화를 낼지언정 속에서는 '내 결함 때문에 충분한 사랑과 소속을 느끼지 못하는 건가?'라는 수치심이 유발되기 쉽습니다. 산후 여성들이 얼마나 취약한지는 자신의 외모에 수치심을 느끼는 행동에서도 알 수 있습니다. 출산 후 자신의 외모가 매력이 없어졌다고 고민을 털어놓는 엄마들이 굉장히 많기 때문이죠.

수치심을 느끼는 것은 자아가 상당히 약한 사람들의 경험이라고 생각할 수 있을 텐데요. 절대로 그렇지 않습니다. 살면서 단 한 번도 수치심을 느끼지 않는 사람은 없기 때문입니다. 수치심을 가장 많이 느낄 때는 어렸을 때입니다. 유약한 어린 시절에 자신의 운명을 좌우하는 절대 권력자, 즉 부모가 자신을 거부하는 듯한 모습을 보이면 아이는 즉시 '자신에게 문제가 있어서 엄마 아빠가 나를 싫어하나'라는 수치심을 느낍니다. 부모가 정말로 아이를 거부하는 건 아니더라도 부모 또한 너무 지치고 힘들 때는 아이를 보는 눈빛이 조금은 냉랭해질 수밖에 없을 테니 어떤 아이도 수치심에서 자유롭기는 힘듭니다. 성장하면서 우리는 수치심을 억압하거나 다른 방식으로 표출하지만 마음속에서 완전히 사라지지는 않기 때문에 취약성을 느낄 때마다 수치심이 올라오곤 합니다. 그래서 스트레스가 최고조에 달해 있어 취약한 출산 직후의 여성들이 수치심을 많이 느끼는 것입니다.

취약성은 가족의 지지와 사랑으로 극복할 수 있다

이런 취약성의 감정을 어떻게 해소할 수 있을까요? 일단은 엄마들 스스로 그런 감정을 느낄 수 있음을 인정해야 합니다. 감정의 정체를 알면 다루기가 훨씬 수월해지니까요. 혼란스러운 감정들은 지금 처해 있는 상황을 하나씩 정리하다 보면 조금씩 안정됩니다.

이에 대해서는 다음 절에서 살펴보고 여기서는 가족의 지지 부분을 먼저 말하고 넘어가겠습니다. 서론에서 엄마들이 '자중자애'하기를, 즉

'스스로 자신을 중히 여기고 사랑하기'를 제안했지만 취약성 부분만큼은 스스로 딛고 일어나기에는 한계가 있는 게 사실입니다. 취약성은 애당초 타자他者와 관련되어 있어서 그렇습니다. 만약 이 세상에 나 혼자만 있는데 어떤 일을 해야 한다면 불안하기만 할 것입니다. 이 또한 무척 힘들겠지만 세상에 나 말고도 다른 사람들이 있을 때는 불안은 조금 가시는 반면 취약성은 더욱 커집니다. 그들의 평가가 신경 쓰이니까요. 다른 사람과 늘 비교하게 되고 적어도 어떤 사람보다는 잘하고 싶다는 생각을 하게 되면서 강한 취약성이 유발됩니다.

가족은 어떻게 지지해 주면 좋을까요? 아이 엄마의 얼굴에서 간간이 불안감이 보인다면 맛있는 음식을 같이 먹으면서 "힘들지? 혹시 불안한 게 있니?"와 같이 말해 주기 바랍니다. 그렇게 얘기를 나누면서 '네 곁에 항상 우리가 있다'라는 메시지를 주는 것만으로도 엄마들은 혼자가 아니라는 생각이 들면서 힘을 얻게 됩니다. 하지만 뭐니 뭐니 해도 엄마들이 바라는 것은 아빠들의 지지와 배려일 것입니다. 가장 많이 보고(사실은 매일 보죠) 가장 부대끼는 존재이기 때문입니다. 육아 자체가 어려운 일임을 확실하게, 아주 확실하게 새기고 아내에게 자주 칭찬해 주세요. "와우, 어쩜 당신은 이렇게 여러 가지 일을 한꺼번에 할 수 있어? 당신 천재 아니야? 나는 죽었다 깨도 이렇게 못해"라는 말이 얼마나, 정말 얼마나 엄마들의 마음을 기운 나게 하는지 모릅니다. 가장 좋은 건 집안일을 같이하는 것이라는 건 굳이 말하지 않겠습니다.

  말이 나온 김에 부부 성생활에 대해서도 잠깐 언급하겠습니다. 앞에서 파트너에게 섹스를 제안하는 것도 취약성을 유발할 수 있다고 했지요. 부부의 성 문제는 그 자체로 책 한 권을 써야 할 만큼 간단한 문제는 아니지만, 아기가 태어난 후 아빠들은 예전과 크게 달라지지 않지만 엄마들은 체력이 달리고 호르몬 변화까지 생겨 성욕이 많이 저하됩니다. 이런 상태에서 아내가 부부 관계를 원치 않을 수 있는데 남편이 이를 자신을 거부하는 것으로 오해할 때가 있습니다. 체력적으로 '취약해진' 아내가 힘에 부쳐 부부 관계를 거부하는 것뿐인데 이번에는 남편의 심리적 취약성을 유발합니다. 서로 솔직하게 얘기하고 체력적 소진감을 먼저 해결하면 이 문제는 생각보다 쉽게 풀릴 수 있습니다.

  이보다 좀 더 복잡한 문제는, 엄마들이 체력적 문제에 외모에 대한 자신감 저하까지 더해져 의욕이 낮아진다는 것입니다. 브라운의 책에는 파트너가 자신의 뱃살을 보고 실망할까 봐 두려워하는 여성의 이야기가 나옵니다. 브라운은 남녀 대학생 22명과 신체 이미지에 대한 수치심과 섹스에 관한 주제로 얘기를 나눠 본 적이 있는데요. 한 여학생이 "남자들은 항상 더 예쁘고 더 섹시하고 더 날씬한 여자를 찾지 않나. 뱃살을 걱정하면서 어떻게 섹스에 몰입할 수 있겠는가"라고 말하자 반대쪽 남학생이 주먹으로 책상을 치며 "남자들은 뱃살 따위는 눈에 들어오지도 않는다. 우리 남자들은 '넌 나를 사랑하니? 나를 원하는 거 맞지?'라는 생각으로 섹스할 때마다 목숨을 거는 기분인데 여자들은 고작 뱃살이나 걱정하느냐'라고 반문합니다. 그러자 강의실 안의 남학생 절반이 감정이 격해져 두 손에 얼굴을 묻었고 여학생 몇몇도 눈물을 흘렸다는군요. 좀 전의 여학생이 다시 "이해가 안 간다. 전 남자 친구는 늘 내 몸매를 두고 이러쿵저러쿵 비판했다"라고 반문하자 남학생은 다시 "그건 그 친구가 몹쓸 인간이라서 그렇다. 남자라서 그런 게 아니다. 우리를 전부 나쁜 놈 취급하지 말아 달라"라고 말합니다.

한국에서도 이렇게 솔직한 남녀 간의 대화가 가능하길 바랍니다. 미국의 경우이니 한국에서도 이런 대화가 오갈지 장담할 수는 없지만, 뭐, 그게 중요하겠습니까? '몹쓸 인간'이 아닌 '진정한 사람'으로서 아내의 출산 후 변한 모습까지 사랑한다는 메시지를 주면 좋겠습니다. 처음부터 말할 필요는 없겠지만 아내가 부부 관계에 미온적 태도를 보인다면 무언가 불안하고 자신 없어 하는 부분이 있을 수 있으니 다정하게 얘기를 나눠 보라는 겁니다. 혹시라도 아내가 외모 관련 고민을 말한다면 이런 식으로 말해 주면 좋겠습니다.

"맙소사, 사랑할 때 그런 건 눈에 들어오지도 않아. 도대체 뱃살이 어디 있는데? 조금 있다 쳐도 당신은 여전히 섹시하고 매력적이야. 나는 애도 안 낳았는데 이렇게 배가 나오고 있잖아. 정 신경 쓰이면 같이 운동하면서 빼자."

"당신은 여전히 예뻐"라는 말도 좋지만 이런 말은 '영혼 없는 칭찬'으로 들릴 수 있습니다. 배우자의 매력을 콕 짚어 자신감을 높여 주기 바랍니다.

만약 아내가 신체적 피로 때문에 부부 관계에 의욕이 없다면 향이 좋은 입욕제를 선물해 주면서 자신이 아이를 돌보고 있을 테니 편하게 목욕하고 나오라고 말해 보세요. 아이를 잠시 손에서 '놓고' 따뜻한 물에서 음악을 들으며 마음 편히 있는 동안 아내의 마음속에서는 남편을 향한 사랑이 다시 솟아오를 것입니다. 꼭 신체적 피로 때문이 아니더라도 원래 아이를 '끼고' 있으면 성적 흥미를 느끼기 힘듭니다. 아이가 참 '생물적'인 존재이지만 동시에 매우 '영적'인 존재라서 그런 것 같습니다. 아이를 안전하게 떼어 놓을 믿을 만한 사람(남편)이 있다면 잠시라도 '엄마'에서 '여성'으로 돌아가 숨을 돌릴 수 있게 됩니다. 자신의 원천적인 욕구도 들여다볼 수 있겠고요. 사소한 배려라도 '자신이 여전히 사랑받고 있다'라는 느낌이 들도록 해 주면 취약성은 서서히 물러갑니다. 결국 취약성에서 벗어나는 방법은 '자신감'과 '사랑받는다는 느낌'이라고 할 수 있습니다.

육아 외에도
더 큰 스트레스가 있다

취약성에 두려움이 깔려 있다면 두려움을 유발하는 요소, 즉 스트레스를 먼저 관리해야겠죠. 사실 육아가 힘든 건 굳이 말할 필요가 없지만 육아는 힘듦을 더할 뿐, 엄마들이 스트레스를 받는 이유는 따로 있습니다.

인생은 절정기, 스트레스는 최대치

첫 번째는 바로 생애 전반에 관한 스트레스입니다. 엄마들은 이미 압도적인 스트레스에 놓여 있었고 그 상태에서 무한 책임이 요구되는 아이까지 생긴 것입니다. 하지만 스트레스는 눈에 보이지 않고 심지어 거

대하기까지 하여 쉽게 손대기 힘드니 옆에서 징징대는 아이를 보면 지금 자신이 힘든 게 모두 아이 탓인 것만 같고, 이 아이만 없다면 좀 더 자유로울 것 같다는 착각이 드는 것입니다. 그런 착각이 심해지면 아이에게 화를 내고 심지어 폭력적인 언행이 나오기도 합니다.

생애 전반에 관한 스트레스라면 왜 지금 유독 문제가 될까요? 그 이유는 지금이 엄마 인생의 절정기라 그렇습니다. 즉 인생의 절정기와 아이를 낳은 시기가 동시기여서 그렇습니다. 성공하고 멋진 삶을 살기 위하여 중·고등학교 내내 학교와 학원만 오갔고 또 열심히 대학을 다녔고 또 열심히 준비해서 기어코 직장을 얻었습니다. 이제부터 경력을 쌓으면서 찬란한 '내 인생'을 펼치려는 시기가 기필코 왔지만 웬걸, 스트레스 또한 절정에 달하네요.

이 시기는 모든 게 스트레스입니다. 업무 능력은 말할 것도 없고 대인 관계에서도 한 달에 평온한 시기가 연속으로 일주일을 넘길 때가 드뭅니다. 예전에 학교에 다닐 때는 성적이 좀 낮아도 다음을 기약하면 되었지만 이제는 회사에서 한 번만 일을 잘못해도 아무도 너그럽게 봐주지 않으며 인사고과에 바로 반영되니 매일 살얼음 위를 걷는 기분입니다. 회사 문제만으로도 벅찬데 결혼 압박, 내 집 마련 압박 등 사회적 압박도 최고조에 달합니다. 결혼 후에는 '예전엔 나 혼자만 버티고 잘 살면 되었는데'라는 생각이 들고 배우자와 아이까지 다른 집과 비교하게 되고 신경 쓰입니다. 심지어 사는 지역과 타는 차, 집구석에 있는 냉장고까지 비교가 되네요. 마음이 얼마나 각박해졌는지, 초등학교 고학년 이후로 친구들과의 대화에서 사라졌던 각자의 부모까지 소환됩니다. "친구네는 친정 엄마가 전폭적으로 육아를 맡아 주고 시부모가 물질적으로 탄탄하게 받쳐 준다는데 우리는 왜 이렇게 지지리 복이 없냐"라는 말을 하면서요. 그동안의 노력으로 성공이 손에 닿을 듯하니 마음이 더욱 부대낍니다. 그때, 아이가 울거나 밥을 달라고 합니다. 혼자 살 때는 한 끼 건너뛰거나 2명이서 살 때는 배고픈 사람이 알아서 먹거나 하면 되었는데, 이 아이의 요청은 우주에서 가장 큰 소리로 엄마를 압박하며 꼼짝달싹 못하게 만드네요. 아이는 마지막 인내력조차 바닥나게 합니다.

이럴 때일수록 육아 스트레스와 육아 외의 스트레스를 차분하게 분리해야 합니다. 원래 아이를 키우는 것 자체는 행복한 일입니다. 그렇지 않고서야 그토록 많은 사람이 아이를 원하고 시험관 시술을 해서라도 낳으려고 하지 않겠지요. 아이의 미소만큼 우리를 행복하게 하는 것도 없습니다. 결혼이나 출산을 하지 않겠다는 사람들조차 아이가 "싫다"라고 말하는 사람은 드뭅니다. 그럼에도 아이와 같이 있는데 마음이 편치 않고 화가 나면, '잠깐, 지금 아이 때문에 화나는 거 맞아? 다른 원인이 있잖아'라고 생각해 봐야 합니다. 그 다른 원인은 아이가 잠든 후에 남편과 찬찬히 들여다보기 바랍니다.

자, 아이가 잠든 후, 혹은 저녁에 남편과 얘기를 나눠 본다면 어떤 고민이 떠오를 것 같으세요? 같이 머리를 맞대고 필요하면 다른 사람의 조언도 들으면서 그 문제를 어떻게 해결할 수 있을지 생각해 보세요. 그 문제들은 크게 다음과 같이 분류될 것입니다.

* 부부가 노력하면 해결할 수 있는 문제
* 부부가 노력한다 해서 단시일 내에 해결하기 힘든 문제

위의 문제라면 세부 사항을 정하고 노력하기로 합시다. 서로 도와줄 부분을 명확하게 정하고요. 아래의 문제라면 시간을 두고 천천히 해결할 수밖에 없으니 당분간은 그 문제를 입에 올리거나 괴로워하지 않는 게 현명하겠지요. '당분간'의 기준은 가정마다 다르겠지만 대략 1년, 혹은 3년이 되겠고요.

아울러 각 가정의 삶의 목표를 만들어 봅시다. '목적'이 아니라 '목표'입니다. '목적'은 최종적으로 이르고자 하는 삶의 방향성으로 핵심 가치관이 크게 개입되겠지요. 반면 목표는 보다 작은 의미의, 매일매일의 삶을 순조롭게 영위하는 데 도움이 되거나 필요한 사항입니다. 매일, 혹은 한 달의 목표가 먼저 이루어져야 최종 목적에도 무난히 이를 수 있겠죠.

제가 목표를 제안해 본다면, 아이가 10세가 될 때까지는 '오늘 하루

맛있게 먹고 건강하게 지내고 저녁에 웃으면서 잠자리에 들기'입니다. 아이가 10세를 넘으면 '오늘 하루 아이가 다치지 않고 저녁에 평화롭게 잠자리에 들기'입니다.

평균적으로 10세를 넘어 사춘기가 되면 아이는 친구들과의 관계나 학교생활에서 마음을 다쳐 오기 시작합니다. 우정이 엇갈려 소외감을 느끼고 성적 등으로 자기 가치감 하락을 겪기도 합니다. 심지어 몸이 다쳐서 오는 안타까운 일도 생깁니다. 딱히 특정한 사건이 없어도 스스로 열등감과 자기 비하감의 덫에 갇히기도 합니다. 그런 상처들을 봉합하고 '내일 다시 시작하리라'라는 마음으로 평화롭게 잠들도록 도와주는 것, 결코 쉽지 않은 부모의 일입니다. 이것만으로도 하루하루 살기 바쁜 부모는 숨이 턱에 차고도 남죠. 부모의 길은 20여 년에 걸친 대장정입니다. 물속에서는 엄청 발을 빨리 놀리면서도 동시에 물 밖에서는 상당히 느린 호흡으로 가야 하는 길입니다.

그러니 어떤 직장, 어떤 연봉, 어떤 사는 곳, 어떤 타는 것, 어떤 물건 중에 무엇이 당신의 마음을 그토록 애타게 하는지 차분하게 살펴보세요. 그것들이 당신의 꿈이 될 테니 그것을 이루기 위해 노력하세요. 단, 바라는 것이 이루어지는 마감을 정해 놓으면 안 됩니다. '언젠가 이루기 위해 나는 계속 전진할 것이다, 다만 그 시간이 언제인지는 모르겠다'라는 식의 여유 있는 마음으로 살아야 다른 스트레스에 양육의 기쁨과 보람이 잠식되지 않습니다. 한 번 더 요약해 볼까요?

- ※ 꿈을 이루기 위해 치열하게 전진한다. 하지만 꿈을 이루는 시간은 정해 놓지 않는다.
- ※ 미래를 준비하되 오늘을 먼저 행복하게 산다.

엄마들 얘기를 들어 보면 아이가 어릴 때는 최대한 자유롭게 키우다가도 학교에 들어가기 시작하면 그렇게 공부가 신경 쓰여 아무래도 잔소리를 하게 된다고 합니다. 물론, 아이가 공부를 잘하면 좋습니다. 1등하면 더 좋죠. 명문대에 진학하면 말할 것도 없습니다. 하지만 '~하면 좋다'와 반드시 해야 하는 것은 분리시켜야 합니다. 반드시 해야 하는 것은 오늘 하루를 건강하게 보내고 많이 웃고 평화롭게 잠자리에 드는 것입니다. 나머지 좋은 일들은 다 '덤'입니다.

미국의 베스트셀러 작가 존 자브나 John Javna 와 고든 자브나 Gordon Javna 형제의 《쓱 읽고 씩 웃으면 싹 풀리는 인생공부》에 실려 있는 만담을 소개합니다. 부부가 함께 치과에 와서 남편이 의사에게 자신이 무척 바쁘다면서 마취나 비싼 추가 처치도 필요 없으니 빨리 이를 뽑고 되도록 빨리 끝내자고 합니다. 의사가 "환자들이 다 이렇게 용감하면 좋겠네요. 자, 어느 치아요?"라고 물으니 남편은 이렇게 말합니다. "여보, 입 벌리고 보여 드려."

이 만담은 어떤 목표를 달성하는 것에만 바빠 가족의 안위나 정서적 안정은 2순위로 밀어 놓는 현대인들의 모습을 잘 표현한 듯합니다.

'오늘 하루 평화롭게 잠들기' 식의 소박하면서도 평화로운 육아 목표를 세워 보세요. 그러면 다른 스트레스를 보는 눈도 달라져 이후에는 한층 기쁜 마음으로 아이와 같이 지낼 수 있을 것입니다.

영혼에 무게가 있다면 갓난아기라도 우리와 똑같은 그램(g)의 영혼을 지니고 있을 정도로 아이의 존재감은 대단합니다. 그렇다고 해서 아이가 부모를 '일부러' 엄청 힘들게 할 정도로 '사악한' 힘을 갖고 있지는 않습니다. 그저 일종의 '어긋남'을 보일 뿐입니다. 부모가 다른 스트레스로 아이에게 온전히 집중하지 못하면 아이는 그 상황을 대단히 '위험하게' 받아들여 부모의 관심을 끌고자 떼쓰고 말썽 부리는 것뿐입니다. 그 첫 어긋남을 부모가 얼른 제대로 맞춰 주면 어떤 아이라도 다시 사랑스러운 모습으로 돌아가는데 스트레스에 정신을 뺏기는 바람에 이 타이밍을 놓치는 부모가 많습니다.

육아 스트레스와 다른 스트레스를 구분해야 하는 이유는 전자는 '생명 자체를 다루는 일'이고 후자는 '생명을 유지하는 데 필요한 일'이기 때문입니다. 어떤 것 '자체'와, 그것을 이루기 위한 '과정과 방법'은 차원이 다르며 우선순위가 명확합니다. 가벼운 예로 아이 돌잔치를 들어 볼까요. 아이가 돌 무렵에 아팠던 경험은 엄마들이 한 번씩은 겪었을 일일 것입니다.

갑자기 열이 오르거나 감기 기운을 보이며 심할 때는 설사를 하거나 분유를 평소의 반도 못 먹으면서 얼굴이 핼쑥해지고 앉아 있는 것조차 힘들어합니다. 이미 식당은 예약했고 초대장도 다 보냈으며 만에 하나 아이가 아파서 돌잔치를 못 한다 해도 위약금을 물어내야 할 판입니다. 요사이는 돌잔치를 가족끼리만 하는 추세이지만 예전에는 많은 지인들에게 축하받는 풍습이 있었죠. 일가친척은 물론이고 아는 선배, 존경하는 은사, 회사 상사까지 오기도 했으니까요. 그러니 만에 하나 일정을 취소하게 되면 체면도 구기고 곤란한 점이 한두 가지가 아니었습니다. 저 또한 그런 일이 생길 뻔했습니다. 4일 전부터 시름시름 앓는 아이를 보면서 처음에는 취소하기로 했다가 모임은 그대로 하되 남편만 보내서 정중하게 인사드리고 식사 대접을 하는 걸로 계획을 바꾸었습니다. 쉬운 결정은 아니었지만 아이의 건강과 안전을 우선순위에 두자 나머지는 선명하게 정리되더군요. 마침내 그날 아침, 기적적으로(?) 아이는 가뿐하게 일어났고 미리 사 두었던 한복을 예쁘게 입고 저녁 모임에 무사히 참석할 수 있었습니다. 수많은 사람이 돌아가며 아이를 안고 사진 찍고 웃으며 즐거운 시간을 보냈지요.

나중에 얘기를 들어 보니 대부분의 아기가 생후 1년쯤 놀라운 성장을 하기 때문에 '성장통'을 겪게 된다는 것을 알았습니다. 심지어 돌잔치에서 주인공 노릇(?)을 하느라 몸살이 나기도 한다고요.

돌잔치를 할 때는 아이만 예쁘게 입히지 않습니다. 부모 또한 헤어숍도 다녀오고 옷도 최대한 갖춰 입으려 하지요. 부모에게도 그날은 그간의 사회적 관계를 되돌아보고 감사 인사를 드릴 수 있는 아주 중요한 날이기 때문입니다. 하지만 아이가 아프다면, 그날의 중요함에도 불구하고, 약한 아이의 생명을 먼저 고려하는 게 옳은 판단이지 않겠습니까. 이제 '생명 자체'와 '생명을 유지하는 데 필요한 일'이 구분되실 것입니다.

어떤가요? 당신의 원래 스트레스를 조금은 가벼운 마음으로 접근해 볼 수 있을까요?

엄마는 아이와 함께 성숙해 간다

엄마가 스트레스를 받는 이유 두 번째는 바로 본인의 원래 성격이나 정서성입니다. 원래부터 불안 수준이 높고 완벽주의 성향이라면 육아만큼 힘든 일도 없습니다. 다른 일은 최선을 다하고 결과를 기다려 볼 수 있지만, 매시 매분 절대적으로 보호하며 상호작용을 해야 하는 육아는 최선의 최선의 최선을 다하는 데도 그 결과는 눈에 금방 띄지 않으니까요. 아이가 떼까지 쓰면 스트레스가 극에 달하게 됩니다. "도대체 나보고 어쩌라고? 뭘 더 해 달라는 거야?"라며 소리치고 싶죠.

육아 스트레스가 고조되면 지금 이 상황이 정말로 화낼 만한 상황인지, 내 문제인지 차분하게 생각해 보세요. 후자의 경우가 많다면 남편이나 가족과 상의하고 전문적인 도움을 받아서라도 해결해야 합니다. 아이에게 화를 많이 낼수록 20년에 걸친 육아의 길이 참으로 울퉁불퉁해지기 때문입니다. 2년이 아니라, 20년입니다. 엄마 인생의 황금기이도 한, 참으로 중요한 시기입니다. 엄마, 아빠, 아이, 그 외 모든 가족이 건강하고 평화롭게 버텨 주고 의지하며 가야 하는 시간입니다.

아울러, 결혼이나 출산 전에 자아 정체성이 모호한 상태에서 '엄마'의 정체성까지 더해진다면 혼란감이 심해질 수 있습니다. 정체성이라는 게 20~30대에 확고하게 정립될 수는 없으며 어쩌면 평생에 걸쳐 계속 바뀌고 진화하는 것으로 보는 게 맞는 듯합니다. 그렇다 하더라도 결혼과 출산 전까지 기본 정체성의 70% 정도는 정립되어야 하지 않을까 생각합니다. 자신이 무엇을 바라고 무엇을 좋아하는지 어느 정도 정리해 놓기 바랍니다.

정리가 안 된 채로 엄마가 되었다면, 그 상태에서 또 생각해 보면 됩니다. 무사태평 상황보다 힘든 상황에서 오히려 진정한 '나'를 찾기가 쉬우니까요. 우리가 정체성이 확고하게 형성되어서 중·고등학교 생활을 버티고 하기 싫은 공부를 해 온 게 아니잖아요. 버티고 책임을 져 보면서 자신의 마음을 확인하게 되잖아요. 육아 또한 그렇습니다. 미처 준비가 되지 못했더라도 아이와 같이 울고 웃으며 성숙해 가다 보면 진정으로 바라는 것이 무엇인지 찾게 될 것입니다.

엄마만 아는
생명의 무게

이제 함께 이야기할 내용은 앞서 살펴본 엄마의 취약성의 원인 중 '생명의 무게'에 대한 것입니다. 여기서 생명이란, 아이와 엄마의 생명 모두를 포함합니다. 말 그대로 '생명력'이 느껴지는 이 단어가 왜 취약성을 일으킨다는 것일까요? 바로 이 생명이 죽음과 나란히 경험되기 때문입니다. 아이가 세상에 태어나는 출산의 순간, 엄마는 동시에 산통이라는 죽음의 두려움을 느낍니다. 그런 산통을 겪어야 비로소 새 생명이 태어난다는 것, 이 엄청난 고통을 수정란의 반쪽만 제공한 사람만 겪는다는 것에 그저 정신이 멍하기만 합니다. 아주 극단적으로 생각해 보면 아기는 엄마의 고통, 심지어 엄마의 죽음을 담보로 세상에 나오는 것입니다. 실제로 출산 중에 명을 달리하는 산모들도 있듯이 말입니다. 생사가 이렇게 가까이서 동시에 일어나는 경험은 엄마만이 겪는 것일 겁니다.

　사실 인간은 태어나면서부터 죽음을 향해 간다고 할 수 있습니다. 하지만 보통 때는 죽음을 아주 먼 미래의 사건으로 여기고 굳이 생각하지 않습니다. 많이들 말하는 것처럼, 죽음을 부정하고 사는 것이죠. 그렇게 부정하고 직면을 미루었던 죽음이 하필이면 너무도 기다렸던 '내 아이'가 세상에 나올 때 자각됩니다.

　부정했던 것을 자각하면 취약성이 유발됩니다. 어떤 것을 부정해 왔다면 의식 속으로 들어오는 것이 두려워서 막아 놓았을 테니 그게 열리는 순간 두려움이 올라오는 건 당연합니다. 하물며 그것이 죽음이라면요. 엄청난 산통을 겪는 중에 '이러다 내가 죽을 수도 있겠구나' 하는 죽음의 공포를 느끼기도 하고 '만약 내가 죽는다면 이 아이를 누가 키워줄까' 하는 고통스러운 걱정이 떠오르기도 합니다. 물론 고통이 너무 심하다 보니 이 모든 감정과 생각들은 스쳐 지나가듯 떠오르는 것이지 명확하게 인식되지는 않습니다. 중요한 것은, 의식하지는 못 하더라도 이미 우리 생각 속에 잠입했다는 것입니다.

　마침내 새 생명이 울음을 터뜨리고 지옥 같았던 고통도 사라지는 순간이 옵니다. 그 상황이 너무 기쁘고 홀가분한 나머지 우리는 출산 중에 겪었던 고통과 뿌리째 흔들렸던 감정을 잠시 잊어버립니다. 눈앞에 있는 아이를 키우는 것만 해도 바빠서 정신이 없기도 하고요. 하지만 좀 전에 말했듯이 뇌 속에 이미 두려움의 생각과 감정이 잠입했기 때문에 언제라도 유사한 자극이 주어지거나 비슷한 상황에 처하면 두려움이 떠오를 수밖에 없습니다. 아이가 아플 때는 가장 유사한 상황으로 다가오겠죠. 이런 식으로 엄마들은 시시때때로 취약성에 노출됩니다.

마음의 무게를 더는 '감정 환기'

아이가 태어난 후 아빠들보다 엄마들이 아이에 대해 더욱 전전긍긍하는 것도 엄마들은 이미 생사의 감각을 그야말로 온몸으로 경험했기 때문입니다. 출산 중 온몸의 뼈가 벌어질 정도로, 말 그대로 온 생명으로 낳은 아이였기에 그 소중함은 말로 다 할 수 없습니다. 죽음의 문턱까지도 다녀왔기 때문에 까딱 잘못하면 자신이나 아이가 또 그런 상태에 이를 수 있다는 생각이 아빠들보다 아주 강하며 몸과 마음에 새겨져 있습니다. 그래서 그렇게 아이를 끼고 사는 겁니다. 아주 소중한 대상을 지칭할 때 '목숨만큼, 목숨보다 더'라고 표현하듯이 아이는 실제로 우리 목숨을 걸고 낳은 존재입니다.

유감스럽게도 아빠들은 이 감정을 절대로 알 수 없습니다. 이성적으로는 이해하겠지만 온몸의 혈관을 타고 맥박 치듯이 뛰는 이 복잡한 감정을 온전히 알 수는 없을 것입니다. 저는 엄마들이 출산 중에 대책 없이 노출되었던 그 광폭한 감정을 반드시 들여다보고 환기換氣 해야 한다고 생각합니다. 즉 얼마나 힘들었던지, 얼마나 두려웠던지, 얼마나 외롭고 자신의 존재감이 바닥까지 갔었던지를 깊이 생각하고 흘려보낼 필요가 있다는 것입니다.

　요즘은 가족 분만이라 해서 출산 중 남편이 아내의 손도 잡아 주며 '고통 분담'의 모습을 보이기도 하지만 예전에는 오로지 아내 혼자 그 과정을 다 겪어야 했습니다. 병원에서 분만을 앞두고 있었을 때, 전공의 선생님이 자궁 문이 열린 정도를 1시간에 한 번 간격으로 촉진하러 왔습니다. 초반에는 그래도 견딜 만했지만 마침내 진통이 2분에 한 번씩 오니 정말 죽을 것 같았습니다. 다시 진통이 시작되려던 찰나 의사가 또 촉진하려 해서 저는 고통으로 등을 활처럼 휜 상태에서 "제발, 지금은 하지 마요. 좀 있다 해요"라고 부탁했습니다. 간절한 부탁에도 기어이 실행하는 바람에 발차기를 날리고 싶었을 정도였습니다. 제가 실험대에 놓인 것 같다는 생각도 들었습니다. 분만 준비실에는 다른 임부들도 같이 있기 마련인데 어떤 분이 진통이 심해서 큰 소리를 지르면 의료진이 "혼자만 애 낳는 거 아니잖아요? 다른 사람에게 폐 끼치는 행동 하지 마세요"라며 야단을 치기도 했습니다. 도대체 어쩌란 말일까요? 소리도 못 지르게 해, 최소한의 자기방어도 못 하게 해, 그 고통을 어떻게 처리하라는 걸까요. (요즘은 분만실 분위기도 좀 나아졌겠죠?)
　생명 탄생이라는 명분(?)하에 그토록 내동댕이쳐지듯이 쭈그러져 있었던 엄마들은 그때의 감정을 충분히 표출해야 합니다. 요즘은 좀 덜하지만 군대에 다녀온 남성들이 틈만 나면 군대 얘기를 하는 것을 들은 적이 있을 겁니다. 직장 상사나 선배가 그럴 때는 이미 몇 번이나 들었던 얘기인데도 처음 듣는 양 내색을 안 하기도 했죠. 신기한 건 그들은 수십 번 했던 얘기인데도 마치 처음 하듯이 말한다는 것입니다. 예전에는 그들이 왜 그러는지 진지하게 생각해 본 적이 없었는데, 문득 일종의 감정 환기라는 것을 깨달았습니다. 숨을 돌려야 했던 거죠. 맹목적이고 비합리적인 체제에서 입도 뻥긋 못 하고 버텨 내야 했던, 억울하기도 하고 수치스럽기도 했던 그 감정들을 토로하고, 끝내 극복하고 돌아온 자신을 칭찬하고 다시 살아 보겠다는 의지를 표출한 것이었습니다. 자기 위로이자 자기 격려라고 할 수 있죠. 회복 탄력성의 아주 중요한 부분입니다.

엄마들도 자기 위로와 자기 격려의 시간이 있어야 합니다. 너무도 외롭고 상상을 초월할 정도로 힘들었던 상황, 아파도 소리 한 번 마음대로 지르지 못하고 무슨 형벌을 받는 듯 꾹꾹 참아냈던 상황에서 겪었던 형언할 수 없을 정도로 복잡한 감정을 한 번쯤은 표출하고 스스로라도 그 수고를 위로해야 합니다. 그래야 온전한 회복이 됩니다.

판타지 영화 장면처럼, 미로에서 소용돌이치다가 집 정원에 떨어졌는데 정원에 있는 사람들이 5초 정도 잠시 쳐다보다가 다시 왁자지껄

떠들며 하던 일을 계속하는 것처럼, 방금 죽음의 문턱까지도 갔다 왔지만 세상 사람들은 태어난 아기에게만 관심을 기울일 뿐 엄마가 어떻게 살아 돌아왔는지 도통 관심이 없습니다. 그러니 혼자 떠드는 것도 뻘쭘하고 충격을 삭여 보려는 적은 시간조차도 허락되지 않다 보니 마치 꿈에서 일어났던 일인 양 무시하게 됩니다. 하지만 해소되지 않은 감정은 똬리를 틀고 있다가 불쑥불쑥 취약성을 불러일으킵니다. 그 후에는, 앞에서도 얘기했듯이 산후우울감을 비롯한 온갖 부정적인 감정이 줄줄이 올라오고요.

출산에 관한 감정 환기를 반드시 해야 합니다. 아울러, 애도 과정도 필요합니다. 몸이 죽지는 않았지만 엄마 이전의 삶은 죽었습니다. 세상을 향해 거침없이 날아올랐던 꿈과 용기, 무한해 보였던 젊음의 시간은 끝났습니다. 절정의 미모도 이제 내리막길에 들어서려 합니다. 아이가 태어나면 그전의 모습으로 절대로 돌아갈 수는 없습니다. 몸이 달라지고 마음도 달라지고 생각과 감정도 달라집니다. 예전의 '나'는 죽었습니다. 그것도 어느 날 갑자기 말이죠.

생사의 갈림길에서 용기 있게 삶의 길을 택하고 아기의 미소만으로 모든 고통을 없던 일로 치는 엄마 됨의 감정을 저는 죽었다 깨어나도 표현하지 못하겠으니 부디 시인들이 표현해 주었으면 합니다.

육아를 배를 타고 여행하는 과정에 비유한다면 엄마들은 뱃멀미로 힘든 것을 제대로 추스르지도 못한 채 갑자기 조타실로 끌려 들어가 선장이 되는 것이라고 할 수 있습니다. 자신이 좀 힘들어도 배를 안전하게 운행하는 데 집중하는 훌륭한 선장처럼, 엄마는 몸과 마음이 만신창이가 되어도 아이가 안전하게 자라도록 더 집중합니다. 왜일까요? 여성이 엄마가 되었다고 갑자기 '성인聖人'이라도 되는 걸까요. 그저, 생명의 무게를 알게 되었기 때문입니다.

생명은 말이나 이론으로만 떠들 수는 없습니다. 아이를 팔에 안았을 때의 감각으로만 아이의 생명력을 얼핏 아는 남성(남편)들이 출산과 육아가 여성의 정신과 육체, 영혼의 첨예한 격돌 속에 꽃피는 지난한 과정이라는 걸 몰라줄 때, 그걸 익히 아는 엄마들은 기운이 빠지겠지만 이 길을 물릴 수는 없습니다. 엄마들은 이미 알게 되었고 보았기 때문입니다. 신비한 생명의 꽃을요. 엄마들은 계속 보고 싶어 하고 또 보아야 하며 보게 됩니다. 그 꽃이 점점 만개하는 것을요. 그 꽃이 절정에 이른 후에 엄마들에게 남는 것이 어쩌면 주름살과 흰머리밖에 없을 수도 있겠지만 꽃에 기뻐하고 꽃의 성장과 더불어 성숙해진 엄마의 영혼은 결코 땅에 떨어지지 않을 것입니다. 아주 먼먼 훗날 하늘의 별이 되어 반짝일 정도로 길게, 아주 길게 광휘로울 것입니다.

엄마만 아는 생명의 무게. 기쁘지만도 즐겁지만도 않으며 오히려 슬픔과 불안, 걱정, 두려움, 분노까지 섞여 한없이 무겁기만 한 그 무게. 하지만 이 무게는 인간만이, 어쩌면 엄마만이 겪는 생명의 정수精髓이기도 합니다. 모든 가치 있는 경험이 그렇듯이 육아 또한 100% 힘들지만, 결코 후회되지는 않습니다.

힘들다고
말하라

    엄마 마음 약국을 온전히 가동하기 위해 꼭 해야 할 일이 있습니다. 바로, '힘들다'라고 '말'하는 것입니다. 이 장 도입부에서 한계 상황으로 자주 몰게 되면 마음이 체하게 된다고 말했습니다. 지금까지 보았던 산후우울감, 취약성, 두려움, 분노, 불안, 완벽주의 등은 한계 상황을 더욱 악화시킵니다. 마음의 체기를 가라앉히려면 가장 먼저 할 일은 "나 체했어, 힘들어"라고 알리는 것입니다. 그렇게 해야 도움을 받든 스스로 해결책을 찾든 방법을 모색할 수 있습니다.

    힘들다고 말하려면 말할 상대를 잘 찾아야 합니다. 일차적으로는 아빠들이겠죠. 부부 관계는 정말 '말'이 다이지 않을까요. 대화가 잘되는 부부가 갈라서는 것을 본 적이 없습니다. 부부라면 '부! 부!' 나팔을 부는 이미지를 떠올리면 좋겠습니다. 한쪽이 '부!' 하고 불면 '외로워, 무서워, 도와줘'라는 뜻으로 알고 얼른 다른 쪽이 '부!'로 화답하면 좋겠네요. '알았어, 금방 갈게'의 메시지라면 가장 좋겠고 '알았어, 퇴근 후에 도와줄게'의 메시지라도 충분합니다. 부부가 허심탄회하게 얘기하고 합심해서 문제를 해결하고자 할 때 해결책을 얻지 못하는 경우는 없다고 생각합니다. 보통은 어느 한쪽이 일방적으로 주장할 때 갈등이 심해지곤 하죠.

안타깝게도 대화가 힘든 부부가 더 많긴 합니다. 엄마들은 겉으로는 아닌 척해도 내심 아빠들에게 가장 많이 의존하기 때문에 부부간 대화가 안 되면 굉장히 속이 상합니다. 그러다 보면 세상 자체에 대한 마음의 문을 닫기도 합니다. 자신도 모르게 우울감이 일반화되는 건데요. 하지만 부부간에 대화가 안 되더라도 '힘들다고 말하기'를 절대로 중단해서는 안 됩니다. 친구, 지인, 가족 중 누구에게라도, 혹은 소셜 네트워크 서비스를 통해서라도 감정을 털어놓아야 합니다. 잠시 속마음을 털어놓을 수 있는 사람이 누가 있나 떠올려 보세요. 몇 사람이 떠오르나요? 많이 떠오를수록 인생을 헛살지 않았다고 생각해도 될 정도로 좋은 일입니다. 만에 하나 남편과 대화가 안 되더라도 다른 이들과 대화를 계속하기 바랍니다. 남편 흉을 볼 수도 있겠죠. 그렇게 해서라도 다시금 마음을 추슬러 살아가는 게 가장 중요하니까요. 그저 힘들 때 잠깐, 세상에 '내 편' 하나 있다는 게 참 위로가 되고 그 위로로 다시 일어설 수 있습니다.

그런데 친구, 지인, 가족 중에도 마음을 털어놓을 사람이 없나요? 소셜 네트워크 서비스는 어떤 오해를 받을까 봐 두렵나요? 그렇다면 일기 쓰기를 추천합니다. 사실, 소셜 네트워크 서비스보다 일기를 더 권합니다. 치유 효과가 높을 뿐 아니라 프라이버시 문제와 같은 우려되는 점이 전혀 없기 때문입니다. 일기라면 고전적인 일기장에 쓰는 방법과 인터넷에 기반한 방법들이 있지만 일기장에 쓰는 걸 강력하게 권장합니다. 종이와 연필이 주는 자연 친화적 다운^{down} 효과가 분명히 있습니다. 마음도 훨씬 정갈해지고요.

글쓰기의 치유 효과는 과학적으로도 검증되었습니다. 미국 텍사스 대학 심리학과 교수 제임스 펜베이커^{James Pennebaker}는 강간과 근친상간 등의 트라우마를 비밀로 간직했던 사람들을 오랫동안 추적했는데 말하지 않을수록 증상이 더 치명적이었던 반면 털어놓으면 심리적으로 안정된다는 사실을 밝혀냈습니다. 심지어 후자의 경우 병원 치료 횟수가 줄어들고 스트레스 호르몬 수치도 낮아지는 등 신체적으로도 더 건강했습니다. 펜베이커는 이런 경험을 토대로 매일 15분에서 20분만 글을 써도 치유 효과가 있다고 말했습니다. 앞서 언급했던 브레네 브라운 또한 "사람은 비밀의 개수만큼 아프다"라고 말하며 글쓰기의 효과를 언급했습니다. 그 정도로 마음을 털어놓는 것은 부정적인 감정들을 치유하는 데 매우 중요합니다.

가족이나 친구에게 말하지 않고 일기장에 쓰는 것만으로도 효과가 있는 이유는 두 가지입니다.

첫 번째, 감정을 표출하고 인식하게 되기 때문입니다. 부정적 감정을 해결하려면 인식과 수용이 가장 먼저 되어야 하니까요. 오히려 이 부분은 누군가에게 말할 때보다 일기를 쓸 때 더 분명하게 알게 되는 것 같습니다. 두 번째, 우리 뇌는 문제 상황에 처하면 반드시 해결책을 찾아내려 하기 때문입니다. 즉 타인이 아니라 '나의 뇌'의 힘을 빌려 문제를 해결하는 겁니다. 진짜 자가 치료법이라 할 수 있죠.

문제를 정확하게 말하기

뇌가 문제를 해결하도록 하려면 문제를 정확하게 '고지'해야 합니다. 다들 알다시피, 뇌는 24시간 쉬지 않고 엄청난 정보를 처리해야 하니 생명 보존과 같은 긴급한 업무를 우선으로 처리할 수밖에 없습니다. 그러니 '힘들어, 죽겠어, 이게 뭐야'라는 식으로 내용 없는 한탄만 할 때는 제 아무리 슈퍼컴퓨터 급의 뇌라도 커서만 깜박이면서 무엇을 해야 할지 갈피를 잡지 못하고 대기 상태로 있게 됩니다.

'남편하고 대화가 안 되는데 어떻게 해야 할까'

'아이가 자주 몸이 아픈데 어떻게 해야 할까'

'육아휴직 후 복직 준비가 걱정되는데 어떻게 해야 할까'

이런 식으로 구체적으로 고민을 말해야 뇌가 해결책을 본격적으로 찾기 시작합니다. 사실 다른 사람들의 조언을 얻는 것도 뇌의 해결책 중 하나라고 할 수 있습니다. 고민하던 중에 '아, 그 사람에게 마음을 털어놓아야겠다'라는 생각이 떠오르게 하는 거지요.

뇌의 놀라운 해결 능력을 확인할 수 있는 작은 실험을 하나 해 보시죠. 열쇠 둔 곳을 잊었을 때 뇌에게 "열쇠 찾아 줘"라고 한번 말해 보세요. 희한하게도 조금 전까지도 안 보였던 열쇠가 어디에선가 나타납니다. 심지어 열쇠가 나타난 곳은 방금 전까지 찾아본 장소였어도 뇌에게 말하고 난 후에야 보이게 됩니다. 참 놀랍습니다. 저는 이 방법으로 지금까지 잃어버린 물건을 전부 다 찾았습니다.

뇌는 다 알고 있습니다. 그저 우리 의식의 어느 한 부분만 가동되기 때문에 잠시 찾지 못할 때가 있을 뿐입니다. 그런 뇌의 능력을 활용하려면 자신의 문제와 고민을 정확하게 말해야 합니다. 물론, 찾는 것이 '남편과의 관계 개선'과 같은 무형의 대상이라면 열쇠를 찾는 것처럼 빨리 해결할 수는 없습니다. 과학적인 분석은 아니지만, '이미 내 것이었고 뚜렷한 형체가 있는 것'은 뇌가 금방 찾는 것 같고 '아직 내 것이 아니고

형체가 뚜렷하지 않은 것'은 찾는 데 시간이 걸리는 것 같습니다. 인간관계 개선, 돈 많이 벌기, 좋은 직장 얻기 등이 이 경우에 해당하겠죠. 그래도 시간이 걸리더라도 반드시 해결책이 있을 테니 포기하지 말고 시시때때로 자신의 마음을 들여다보고 끊임없이 '말하기' 바랍니다.

주소를 정확하게 적으면 어김없이 택배가 도착하듯이 마음의 주소를 정확하게 말하세요. 지금 어느 위치에 있는지, 누구(무엇) 때문에 힘든지 정확한 마음 번지수를 적어 보세요. 어느 날 '딩동!'하며 해결책이 담긴 마음의 택배가 도착할 것입니다.

말하지 않을수록 말을 잘 못하게 된다

말을 해야 하는 아주 중요한 또 다른 이유가 있습니다. 뇌과학 연구에 의하면 우울증 환자들은 좌뇌의 활성이 매우 낮습니다. 좌뇌는 언어 능력을 관장하는데 이 영역의 활성이 떨어진다면 당연히 말을 잘 못하게 되겠죠. 우울증 환자들을 보면 뇌 기능이 저하되어 말을 잘 안 하게 된 것인지 말을 안 하다 보니 뇌 기능이 저하된 것인지 인과관계는 명확하지 않지만, 실제로 말수가 적은 것을 쉽게 볼 수 있습니다. 이 부분이 중요한 이유는, 앞에서 대부분의 산모가 산후우울감을 겪는다고 말했듯이 엄마들에게 우울감이 흔한 감정이기 때문입니다. 즉 엄마들은 자신도 모르게 말을 잘 못하게 될 수 있습니다. 그리고 자각하지 못하더라도 좌뇌 기능이 떨어져 있을 수 있습니다.

아이에게 끊임없이 잔소리하는 엄마의 모습을 떠올리며 언어 기능이 저하된 게 아니지 않느냐는 반론을 제기하는 독자도 있겠지만 아이에게 하는 잔소리는 상당히 피상적인 수준의 말이죠. 병원에 입원할 정도의 심한 우울증이 아니고서야 그 정도의 말까지 못 하지는 않습니다. 어린아이일수록 엄마들이 하는 잔소리는 대부분 "안 돼", "그만해", "하지 마" 등의 짧은 말입니다. '네가 이런 행동을 했는데 그러면 어떤 일이 벌어지고 그렇게 되면 상대방의 기분이 어떻고 네 기분은 어떻고 그래서 앞으로 어떻게 해야 한다' 등의 합리적인 설명은 잘 못할 수 있다는 겁니다. 게다가 아이가 상처받지 않도록 공감까지 해 주면서 말하는 건 더욱 어렵고요. 많은 엄마들이 아이의 문제 행동을 대화로 잘 지도하지 못하고 욱하는 감정 반응을 보이는 것에는 우울감으로 인한 좌뇌 기능 저하도 꽤 있다고 생각합니다.

그런데 좌뇌는 언어 기능과 더불어 또 하나의 중요한 역할을 담당합니다. 바로 전반적인 통합 기능입니다. 인지신경과학 분야를 개척한 세계적 석학인 마이클 S. 가자니가Michael S. Gazzaniga 교수를 비롯한 뇌과학자들은 엄청나게 세분화된 기능들을 수행하는 우리 뇌가 하나의 통일된 의식을 가질 수 있는 것은 뇌에 해석기가 있기 때문이며 좌뇌가 그

해석기라고 말합니다. 즉 좌뇌 기능이 높으면 통합적인 사고 기능도 높아 현명한 판단을 내리기가 쉽습니다. 이렇게 볼 때, 말을 잘 못한다는 것은 단순히 언어 기능이 떨어지는 정도가 아니라 뇌의 전반적인 통합력이 떨어지는 신호일 수도 있으므로 각별히 주의를 기울여야 합니다. 말하기는 좌뇌 기능을 높이는 아주 훌륭한 대처법이 될 수 있습니다. 순환론적 얘기이긴 하지만, 말을 하려면 좌뇌가 활성화될 수밖에 없으니까요. 이렇게 좌뇌가 활성화되면 다시 언어 능력이 올라가고 덩달아 통합 기능도 올라가는 선순환이 발생하게 됩니다. 심리 상담이 우울증 치료에 도움이 되는 것도 결국 말을 하기 때문일 겁니다. 그동안에는 상담자에게 말을 함으로써 감정 환기가 되는 측면을 많이 주목했다면, 좌뇌 기능이 올라가면서 통합적 사고력도 확장되어 문제가 해결되는 측면이 더 핵심이라고 생각합니다.

심지어 특별히 많은 말을 하지 않고 지금 느끼는 감정에 '이름 붙이기'만 해도 효과가 있습니다. 《감정의 발견》에서 마크 브래킷 Marc Brackett 은 "감정에 이름을 붙이면 부정적인 감정을 느낄 때 활성화되는 뇌 속 편도체 활동이 감소하고, 감정을 조절하는 우측 복외측 전전두 피질이 눈에 띄게 활성화된다"라고 말했습니다. "나 지금 기분이 안 좋은데 화난 것 같아"라고만 말해도 감정의 휩싸임에서 벗어나 차분해질 수 있다는 뜻입니다. 그러면 해결책을 찾기가 더욱 쉬워집니다. 《상처받은 내면아이 치유》의 가족 치료사 존 브래드쇼^{John Bradshaw}는 이미 지나간 과거의 사건이나 인물에 대해 '말하기'를 해도 엄청난 치유 효과가 일어난다는 것을 보여 주었습니다. 브래드쇼가 집단 상담에서 부모에게 하고 싶은 말을 하라고 하자, 한 남성은 "아버지, 저는 아버지가 제게 얼마나 큰 상처를 줬는지 아셨으면 합니다. 제게 조금만이라도 관심을 가져 주시길 간절히 바랐습니다"라고 말했습니다. 한 여성은 "어머니, 어머니는 교회 일 때문에 너무도 바쁘셨습니다. 저는 정말 외로웠어요"라고 말했는데, 이 말을 들은 참석자들은 모두 그들의 아픔에 공감했다고 합니다. 상담이 끝났을 때는 모두 평화와 기쁨의 마음으로 가득 찼고 한 참석자는 처음에는 이 프로그램에 부정적이었지만 살면서 처음으로 속 시원히 울어 봤다고 했답니다. 말하기의 치유 효과를 확인할 수 있는 사례입니다.

가장 좋은 것은 당신이 상처를 입었거나 갈등을 겪었던 당사자에게 직접 말하는 것이겠지만, 자신의 감정을 알아차리고 이름을 붙이고 어떤 방식으로든 털어놓는 것만으로도 감정이 정화될 정도로 말하기의 힘은 강력합니다. 이 힘을 잘 활용하기 바랍니다. 힘들다고 말하세요.

심리적 안전지대와 비폭력대화

말을 하려면 상대방이 내 말을 들어줄 태세가 되어 있어야 할 것입니다. 전문용어로 '심리적 안전지대'에 있어야 안심하고 말할 수 있습니다. 심리 상담실은 심리적 안전지대의 대표적 공간입니다. 비밀도 다 털어놓을 수 있을 만큼요. '나의 안전지대'가 어디일지, 즉 누구일지 생각해 보고 적임자를 찾았다면 그 사람과 계속 좋은 관계를 유지하도록 각별히 마음을 쓰기 바랍니다. 만약 어디에도 안전지대가 없다고 느낀다면 상담실이라도 꼭 한번 내원하기 바랍니다. 일기장도 매우 안전한 공간이죠. 무의식적으로 누군가가 일기장의 내용을 봐 주기를 바라는 마음에서 아무 데나 놓아두는 게 아니라면요.

안전지대에 있다 해도 말하기가 쉽지는 않습니다. 이는 우리가 어렸을 때부터 말을 양껏 해 봤던 기회가 많지 않아서입니다. 부모는 아이가 말을 시작할 때 굉장히 기쁜 표정을 보이며 격려하지만 정작 아이가 말을 제대로 하게 되는 5~6세 무렵만 되어도 아이의 말을 잘 들어 주지 않습니다. 부모는 너무 바빠서 '빨리빨리' 문제를 해결하려 하기 때문에 아이의 말까지 들어 줄 시간이 없습니다. 아이는 그런 부모의 눈치를 보며 하고 싶은 말이 있어도 꾹 참고 부모가 바라는 행동만 하게 됩니다. 그렇게 해야 빨리 평화가 오고 빨리 밥을 먹을 수 있으니까요. 설사 아이가 말을 좀 해 보려 해도 조그마한 게 말대꾸나 한다는 식으로 질책한다면 아이는 또 하고 싶은 말을 못 하게 됩니다. 특히 한국 사회는 질문이나 자기주장을 하기보다는 침묵을 지키는 것을 좋게 보는 경향이 있어서 말을 제대로 해 볼 기회가 더욱 적습니다. 학교 수업에서도 주입식 교육 탓에 조용히 지식을 습득하기만 할 뿐 질문이나 말하기가 활발하지 않죠. 무엇보다도, 우리 속에는 굳이 직접 말을 하지 않아도 상대방이 우리 마음을 헤아려 주고 위로해 주기를 바라는, 어린 시절의 문제 해결 패턴이 크게 자리하고 있습니다. 하지만 성인이 되면 능동적으로 문제를 해결할 수밖에 없으며 그 첫 단계는 자신의 감정과 생각을 정확하게 말하는 것입니다. '어렸을 때의 해결 방식에 더 이상 의존하지 않겠다'라고 수시로 생각하면서 말하기를 멈추지 말기 바랍니다.

다른 사람에게 말할 때 가장 주의해야 할 점은 대화를 강요하거나 일방적으로 말해서는 안 된다는 것입니다. 그렇게 되면 기껏 조성된 안전 지대가 허물어질 수 있습니다. 이런 태도를 잊어버리지 않게 해 주는 아주 좋은 용어가 있습니다. 바로 '비폭력대화'입니다. 마셜 B. 로젠버그Marshall B. Rosenberg가 갈등을 해결하고 유대를 쌓는 데 도움이 될 대화 방식을 고안하여 만든 이 개념은 그의 책《비폭력대화》를 통해 자세히 살펴볼 수 있지만 용어만으로도 충분히 그 의미가 전달됩니다. 우리가 하는 말이 상대방에게 '폭력적'으로 느껴질 수 있음을 알고 조심해야 합니다.

이와 관련된 예전 일이 떠오르네요. 제 작은 아이가 중학교 1학년 때의 일입니다. 저녁을 함께 먹으며 이야기를 하고 있었는데, 큰 아이가 급한 일이라며 중간에 치고 들어오는 바람에 대화가 잠깐 끊긴 적이 있었습니다. 어쩔 수 없이 큰 아이와 얘기를 하게 되었는데, 작은 아이가 갑자기 식탁을 내리치며 "지금 내 말 듣는 거야?"라고 화를 내는 게 아니겠어요? 순간, 모두 웃음을 터뜨렸습니다. 드라마 주인공처럼 화를 내는 모습이 기가 차기도 했고 좀 귀엽기도 했습니다. 하지만 냉정하게 말한다면 작은 아이는 비폭력대화를 하지 않았습니다. 상대방이 자신의 이야기를 반드시 들어야 한다는 고압적인 태도를 보였고 자기 뜻대로 되지 않자 화를 냈으니까요. 반면, 작은 아이 입장에서는 갑자기 대화를 차단한 사람이 폭력적이라고 느꼈을 수 있고 다른 사람의 말에 더 귀를 기울이는 엄마에게도 서운했겠지요.

이런 일이 어른들 사이에서도 늘 일어납니다. 특히 대인 관계 갈등 상황에서 피해자 입장인 사람이라면, 자신이 따질 권리가 있고 상대방은 무조건 수용해야 한다는 생각이 드는 건 당연합니다. 비슷하게 우리가 만약 몸과 마음이 아픈 환자라면, 가족에게 우리 말을 당연히 들어주고 우리가 원하는 대로 해 주어야 한다는 폭력적 태도를 보일 수 있습니다. 하지만 그런 순간조차도 비폭력대화를 하도록 신경 써야 합니다. 내가 아무리 할 말이 많다 해도 어떻게 보면 나는 말을 '파는' 입장이고 상대방이 말을 '사는' 입장이라 할 수 있으니 최소한의 '고객 응대' 정도는 해야겠죠. 문제를 해결하기 위해 '말하기'를 하자는 것이니 이왕이면 '잘' 말해야겠습니다.

3장

엄마에게 유독 힘든
육아 고민 처방전

1장과 2장에서는 엄마가 된 후 통상적으로 겪게 되는 일반적인 어려움을 몸과 마음의 문제로 나누어 살펴보았습니다. 이에 더해 엄마에게 유독 힘든 육아 고민들이 있습니다. 3장에서는 상담실에서 젊은 엄마들로부터 가장 많이 듣게 되는 4가지 고민에 대해 집중적으로 이야기해 볼 건데요. 바로 아래와 같은 고민들입니다.

1) 아이에게 자꾸 화를 내는 문제
2) 아이가 잘못 클까 봐 불안한 문제
3) 완벽한 육아에 집착하는 문제
4) 모성애 부족으로 걱정하는 문제

위의 문제들은 두 가지 공통점이 있습니다. 바로 그 자체로 해결이 필요하다는 것과 엄마 본인의 죄책감을 유발한다는 것입니다. 그렇기에 이 책에서 이 고민들을 더욱 각별하게 살펴볼 필요가 있습니다. 물론 어떤 엄마들은 이런 문제가 그다지 고민스럽지 않을 수도 있겠습니다. 하지만 잠시는 그럴지 몰라도 장기 마라톤에 비유되는 육아 과정에서 반드시 한 번 이상은 다가오게 되는 문제들이므로 이번 기회에 같이 생각해 보면 좋겠습니다.

화, 혹은 분노는 스트레스 관리의 1순위라 할 만큼 상당히 중요하면서도 버거운 감정입니다. 따라서 살펴볼 것도 굉장히 많지만 여기서는 이 책의 주제와 관련하여 아이에게 화가 나는 경우로 좁혀 말하도록 하겠습니다.

사실 앞에서 육아 스트레스와 일반 스트레스를 구분하자고 했으므로 결론은 이미 나왔다고 할 수 있습니다. 엄마들이 화가 많이 나는 게 아이 때문인지 다른 스트레스 때문인지 생각해 보면 아마 후자일 것입니다. 따라서 "아이를 보면 이상하게 화가 나요"가 아니라, "(다른 이유로) 화가 나는데 이상하게 아이에게 내게 되네요"라고 바꿔 말해야 할 것입니다. 이 간단한 말 바꿈에는 상당히 큰 차이가 있습니다. 이것만 제대로 분리해 보더라도 아이에게 화를 내는 경우가 줄어듭니다.

왜 이상하게 '아이'에게 화를 내게 될까요? 두 가지로 정리해 볼 수 있습니다.

첫 번째, 아이가 바로 옆에 있어서 그렇습니다. 남편은 아침에 나 몰라라 도망(?)가고 다른 사람은 다 멀리 있습니다. 회사에서 당신 속을 긁는 상사조차도 최소 몇 미터 밖에 있죠. 하지만 아이는 찰떡같이 당신 옆에 붙어 있습니다. 당신의 기분이 좋을 때는 그렇게 행복할 수 없는 그 '거리'가 이번에는 그렇게 부담스러울 수가 없습니다. 한여름에 아이가 자꾸 엉겨 붙으면 짜증나듯이, 당신이 한여름 무더위 같은 화로 끓어오르면 옆에 천사가 와도 눈에 뵈는 게 없을 겁니다. 아이는 더하겠죠.

두 번째, 아이가 다른 스트레스 유발자들보다 만만해 보여서입니다. 우리가 어떤 사람에게 화를 낼 때 상대방이 즉시 순응하는 경우는 없습니다. 순응하기는커녕 적반하장으로 더 크게 화를 내죠. 하지만 아이는 엄마가 화를 내면 일단은 움찔하고 하던 행동을 멈추고 눈치를 봅니다. 그러면 화를 낸 사람, 즉 엄마의 '통제 욕구'가 잠시 충족되면서 소기의 목적을 달성한 듯한 착각이 생깁니다. 화를 풍선에 비유한다면 빵빵 부풀어 올랐던 내부 압력이 밖으로 빠져나가 잠시 속이 시원해지는 듯한 느낌이 드는 거죠. 하지만 그래 봤자 얼마 못 간다는 걸 잘 아시죠?

물론, 가만히 있는 아이에게 화를 내지는 않았을 겁니다. 분명 원인이 되는 행동이 있었을 겁니다. 그런 행동도 잡을 겸 화를 냈지만 문제가 더 꼬이네요. 아이가 잠시 엄마의 기분을 살피고 순응하는 것 같지만 점점 더 엄마 말을 안 듣게 됩니다. 화를 내는 엄마에게 "잘못했다"라고 말하는 과정이 반복되다 보면 역기능적 행동 패턴이 형성되어 아이가 정말로 반성하고 올바른 행동으로 바꾸는 게 아니라 그 순간만 모면하려 합니다. 그러다 보면 점점 엄마가 화를 더 심하게 내야만 말을 '잠깐' 듣습니다. 심지어는 화를 받았던 것을 복수하려는 마음이 생겨 엄마의 혈압을 높이는 행동을 하게 됩니다. 자신에게 화를 자주 내는 사람을 여전히 존경하고 사랑하기란 정말 어려우니까요. 화풀이처럼 엄마에게 이득이 하나도 없는 행동도 없습니다.

힘들더라도 화가 난 원래의 원인을 찾아 문제를 해결하는 게 원칙입니다. 그게 어렵다면 아이가 보이지 않는 공간으로 가서 심호흡을 하거나 다른 일로 주의 전환을 해서 화를 가라앉힌 후 다시 아이에게 와야 합니다. 핵심은, 아이에게 부모의 감정을 투사해서는 안 된다는 것입니다. 이는 윤리적, 도덕적 차원을 떠나 아주 현실적 차원의 얘기이기도 합니다. 나중에 아이가 사춘기가 되면 자신이 받았던 만큼(?) 되돌려 주는데, 그 힘이 얼마나 광폭한지 사춘기 아이들과 부모를 같이 상담하다 보면 진이 다 빠릴 정도입니다. 아이와 성인의 중간 단계에 있는 만큼 아직 미성숙한 정신 상태에서 정이 떨어질 정도로 막무가내로 치받치는 모습을 보이기도 합니다. 아이에게 화를 내기도 했지만 그보다 더 큰 사랑으로 키워 온 부모는 기가 막힐 것입니다. 애들은 어쩜 그렇게 부모의 나쁜 면만 기억하는지 상담가조차도 속수무책일 때가 많습니다.

화를 가라앉힌 후 아이에게 다가가는 게 쉽지는 않겠지만 그렇지 않았다가는 먼 훗날 곤궁한 삶이 펼쳐질 수도 있음을 알고 "아이에게 '화' 내면 내가 '하'수다"라는 혼잣말을 계속해서라도 노력해야 할 것입니다.

두려움이 불러일으키는 화

자, 이번에는 엄마들이 왜 그렇게 화가 나는지 한번 솔직하게 들여다봅시다. 엄마들의 분노를 일으키는 가장 우선순위는 뭐니 뭐니 해도 '불공평함'일 것입니다. 출산 후 직장 일과 가사를 병행하는 상황에서라면 더 두드러지는 감정이겠죠. 또한 다른 사람은 모두 잘 사는 것 같은데 자신만 정체된 듯한 소외감과 열등감도 분노로 이어질 수 있습니다. 이 부분에 대해서는 앞에서 조금 다루었으므로 여기서는 다른 감정을 살펴보겠습니다. 바로 두려움입니다.

우리는 두려움을 느끼면 화가 납니다. 더 정확하게 말하면, 두려운데 해소할 방법을 모를 때 화가 납니다. 법철학자이자 윤리학자인 마사 누스바움Martha C. Nussbaum은《타인에 대한 연민》에서 분노는 두려움의 산물이라고 하면서 특히 '사랑' 또한 두려움을 유발한다고 말했습니다. 누스바움의 말대로 우리가 사랑하는 가족들이 잘 살고 나 또한 행복했으면

하는데 역부족을 느낄 때, 도대체 무엇을 어떻게 해야 행복에 이를지 감을 못 잡을 때, 우리는 그 불확실성에 두려움을 느끼면서 화가 나는 겁니다.

영국 런던 대학교 신경과학 분야 교수인 보 로토Beau Lotto는《그러므로 나는 의심한다》에서 분노는 무엇이 옳은가에 대한 자신의 판단이 정당하다고 믿게 함으로써 확실성을 느끼게 하는 아주 강력한 지각적 망상이라고까지 말했습니다. 불확실한 상황에서 '누구' 혹은 '무엇'을 탓하면서 분노하면 불확실성이 감소해 두려움이 사라지는 듯한 착각이 든다는 설명입니다. 로토의 주장이 맞는다면 우리가 정말로 화를 내야 하는 상황은 의외로 많지 않을 수도 있습니다. 왜 그렇게 엄마들이 눈앞에 있는 아이에게 화를 내게 되는지 의문이 좀 풀리셨나요?

두려움으로 따지자면 아기는 더 강력하게 느끼겠죠. 모든 것을 남(부모)이 해 주어야만 살아갈 수 있으니 엄마가 잠시만 안 보여도 울고불고 합니다. 그랬던 아기는 어떻게 하루하루를 잘 넘기면서 그토록 멋진 사람으로 커 가는 걸까요?

첫 번째, 아기는 어른과 달리 불확실성을 '인식'할 수 없습니다. 무언가 불편한 상황에 있다는 것을 본능으로 알기는 하지만 개념화되어 있지 않기 때문에 불편한 상황이 해결되기만 하면 두려움도 일단 사라집니다. 두 번째, 부모의 무한한 사랑을 받아 '불확실한 상황'이 매번 종료

됩니다. 그래서 아기는 부모의 행복 따위는 안중에도 없다는 듯이 왕자, 공주로 희희낙락하며 살죠. 부모가 배가 고프든 아프든 관심도 없고 자기 배만 채우고 자기가 아픈 것만 봐 달라고 하죠. 그 극도의 이기적인 사랑을 만끽하면서 아기는 두려움을 떨쳐 내고 세상으로 나아갑니다. 그리고 세상에, 특히 부모에게 사랑을 되돌려 줍니다.

우리 또한 힘들 때마다 극도의 이기적인 사랑과 지원을 받을 수 있다면 불확실성이 줄어들면서 두려움을 느끼지 않을 것입니다. 화도 나지 않을 거고요. 하지만 현실적으로는 불가능합니다. 그렇다면 그런 상황을 수용하고 최대한 감정적으로 반응하지 않고 오늘 할 수 있는 일에 전념하는 것밖에 없겠습니다. 피상적인 말로 들리겠지만 알고 보면 우리 모두 벌써 이렇게 살고 있습니다.

두려움 중 가장 강력한 것이 무엇일까요? 바로 죽음의 두려움입니다. 죽음이 무서운 이유 중의 하나가 언제 우리에게 닥칠지 도무지 알 수 없다는 것, 즉 불확실성이 최고 수준이라는 겁니다. 그럼에도 우리 대부분은 언젠가 죽을 것을 수용하고 죽음 앞에서 히스테리를 부리지 않으며 오늘 할 일을 합니다. 심지어 한 달 후, 1년 후, 10년 후 일도 계획해 놓습니다. 그사이에 죽을지도 모르는데 말이죠.

우리 인간은 그토록 대담하고 통이 크며 어떻게 보면 무심하기조차 한, 억압의 귀재들입니다. 그런데 왜 유독 개인의 가정 내에서는 이 '귀재 근성'을 깡그리 망각하며 그토록 노심초사하는 걸까요?

아이를 너무 사랑해서 그렇습니다. 아이가 너무 약해 보여서 제대로 보호하고 잘 키워야 한다고 생각해서 그렇습니다. 이런 사랑, 우리 생애 내내 전념할 만큼 멋지지만 심한 두려움이 유발된다면 애착이 아니라 집착이 아닌가 생각해 봐야 합니다. 우리가 할 수 있는 일은 오늘 최대한 사랑하는 것뿐입니다. 그 사랑이 어떤 결과에 이를지는 우리 소관이 아닙니다. 오늘을 최대한 열심히 살아도 언젠가 죽는 것처럼 말이죠.

육아와 죽음을 가까이 붙여서 얘기하는 건 무척 거북스러운 일입니다. 하지만 우리가 끝내 죽음에 이르는 미래를 두려워하기만 하며 오늘을 즐겁고 행복하게 살기를 포기하지 않듯이, 억지로 설정해 놓은 미래의 가족의 삶에만 집착하고 두려워하며 오늘 하루 아이와 즐겁고 행복하게 살기를 미루지 마세요. 아이가 '내 뜻, 내 인생 설계'를 따르지 않는 듯 보여도 화를 낼 필요도, 이유도 없습니다. 미래는 '내 뜻과 내 인생 설계'대로 절대 펼쳐지지 않으니까요. 아이의 행동에 문제가 있다면 타이르고 가르치면 됩니다. 하지만 타이르고 가르치는 것조차 아이는 화로 받아들입니다. 아이에게 정색하고 말하면 아이는 이렇게 묻습니다. "엄마, 화났어?" 엄마는 이렇게 말해야 합니다. "아니, 화 안 났어. 네가 잘못을 해도 엄마는 언제까지나 널 사랑해. 하늘만큼, 땅만큼. 하지만 잘못된 행동은 고쳐야지, 그렇지?" 그럼 아이는 천사의 본성을 찾아 고개를 끄덕이며 잘못했다고 하면서 엄마 품에 안길 것입니다.

앞에서 아이가 두려움을 극복하는 비결이 무한한 사랑을 받아서라고 했습니다. 그런 사랑을 받으면 아이는 자존감을 갖게 됩니다. 안타깝게도 나이를 먹을수록 자존감을 지키기가 쉽지 않습니다. 성장할수록 부모의 사랑만으로는 충분하지 않기 때문입니다. 친구, 연인, 회사 사람들로부터 계속 사랑을 받아야만 자존감이 유지됩니다. 그래도 지금보다 젊었을 때 우리를 사랑해 주는 사람은 어딘가에 꼭 있었던 것 같습니다. 하지만 엄마가 되면 사랑을 받아 낼 사람이 더욱 좁아집니다. 이제는 사랑을 받는 것보다 주는 것을 더 많이 해야 하고요. 자, 그런데 엄마를 정말 많이 사랑해 주는 존재가 있잖아요. 바로 아이 말입니다. 그럼에도 우리 엄마들, 사랑을 차별하는 마음이 있는 것 아닌가요? 아이가 주는 무한한 신뢰와 사랑은 달콤함이 좀 적게 느껴지나요? '이 사랑은 성에 안 차, 내가 원하는 건 다른 사랑이라고'와 같은 생각을 하는 것 아닌가요? 그래서 아이에게 이미 충분한 사랑을 받고 있는데도 가닿지 못한 사랑만을 선망하여 자꾸 마음이 허해지고 행복하지 않다고 생각하지 않나요?

조금 더 오래 살아 보면 이 사랑만큼 티끌 없이 순수하고 강한 사랑이 없다는 것을 분명히 알게 됩니다. 아이가 순수한 사랑의 존재여서만은 아닙니다. 엄마의 인생에서 이 시절처럼 순수하고 강한 사랑을 해 볼 때가 없습니다. 두려워도 용기를 갖고 아이를 지켜 내는 사랑, 주는 만큼 절대로 받지 못해도 계속 주는 사랑, '밑 빠진 독에 물 붓기'같이 허탈하지만 온몸을 던지는 사랑이기에 더 그렇습니다. 저는 '다이아몬드 같은 사랑'이라고 표현하고 싶습니다. 세상에서 가장 단단한 사랑입니다. 다이아몬드를 갖고 있는 사람이 금과 은을 못 가질까 봐 두려워하지 않듯이 이미 우리는 큰 사랑을 가져 봤기에(해 봤기에) 두려워할 필요가 없습니다.

화를 다스리는 방법 ①
: 생각과 감정 써 보기

앞에서 두려워서 화가 난다고 했지만 모든 화가 두려움 때문만은 아니겠지요. 그것이 무엇이든 자신의 생각이나 감정을 한번 써 보세요. 그리고 다음 질문에 한번 답해 보세요.

* 이 생각이나 감정은 사실일까? (내가 오해하는 건 아닌가?)
* 이 생각이나 감정이 현실성이 있나? (그렇게 생각하고 느끼는 게 가능한가?)
* 이 생각이나 감정이 아이나 가족의 행복에 도움이 되나? (안 좋은 영향을 끼치는 건 아닐까?)

어떤 엄마는 아이가 거짓말하는 것을 굉장히 싫어하고 그런 모습을 볼 때마다 크게 화를 냅니다. '절대로 거짓말해선 안 돼. 거짓말하면 큰일 나'라는 생각을 합니다. 거짓말하는 게 절대로 좋은 건 아니지만 거짓말을 안 하는 게 가족의 행복에 절대적인가요? 그리고 그것이 현실성이 있나요? 즉 평생 거짓말을 안 하고 살 수 있겠냐는 겁니다. 그렇다고 아이가 거짓말을 하는 그 순간을 목격했다면 그냥 넘겨서도 안 됩니다. 거짓말하지 않고 문제를 해결하는 방법을 평생 배우지 못할 수 있으니까요. 그러니 그렇게 하지 않도록 잘 타이르고 올바른 해결법을 가르쳐주세요. 화내지 말고요.

스스로 생각의 뿌리를 차분하게 직면하면 아이에게 화낼 일이 없습니다. 화를 낼 때는 적어도 나와 상대방이 동등한 정신 수준이어야 합니다. 아이는 우리보다 정신 수준이 한 단계 낮기 때문에 화를 낼 대상이 아닙니다. 그저 사랑으로 이끌어 줘야 하는 존재입니다.

상담실에서는 참으로 다양한 환자들을 보게 됩니다. 가끔 감정 통제가 안 되는 환자분들이 있는데 유난히 컨디션이 안 좋은 날에는 진료 대기 시간이 조금만 길어져도 엄청 화를 낼 때가 있습니다. 외래에서 접수를 담당하는 간호사분들의 고충이 특히 심한데 하루는 어떤 환자가 굉장히 화가 나서 고함을 치며 쌍욕을 했는데 진료실에서 듣고 있던 제가 민망할 정도로 너무 심한 욕을 하더군요. 오전 진료 후 접수처로 나가 간호사 선생님의 안색을 살피며 "괜찮아요? 화 안 났어요?" 하고 물으니 이렇게 말씀하시더군요.

"괜찮지는 않지만 화나진 않았어요. 피해망상이 심해서 화를 내는 사람한테 어떻게 제가 화를 내겠어요? 오늘따라 대기 시간이 길었어요. 아마 본인은 배려받지 못했다고 생각했을 거예요."

그렇습니다. 아이가 우리 속을 긁을 때가 있지만 정신이 유약하고 배려받아야 하는 존재라는 걸 걸 떠올리면 화가 심하게 나지 않습니다. 삶에 회의를 느낄 수는 있습니다. '내 사랑과 헌신'이 산산이 흩어지는 듯한 기분이 들 때가 분명 있습니다. 그래도 화를 내서 해결할 수는 없습니다.

화를 다스리는 방법 ②
: 심호흡, 주의 분산 활동, 대화

특히, 아이에게 습관적으로 화를 낸다면 다음과 같이 해 보세요.

1) 아이와 떨어져 심호흡을 하세요.

호흡을 내쉴 때 화를 밖으로 내보낸다는 생각으로 해 보세요. '후우…' 혹은 '쉬잇…'과 같은 소리를 내면 더욱 효과가 있습니다.

2) 화가 날 때 할 행동을 미리 정해 놓고 실행하세요.

주의 분산 작전이라 할 수 있는데 화를 가라앉히는 데 아주 효과가 좋습니다. 물 마시기는 화가 나서 입안이 바짝 말라 있을 때 긴장을 풀기에도 좋습니다. 음악 듣기, 춤추기 같은 즐거운 활동을 한다면 더욱 좋습니다. 장난감 다트 던지기처럼 아예 화(공격성)를 발산하는 것도 추천합니다. 샌드백이 있으면 더 좋겠네요. 아이스크림이나 도넛 먹기는 화를 가라앉히기를 넘어 그 자체로 즐거운 일이겠네요. 다만, 맛있는 것을 먹기 위해 자꾸 화를 내는 무의식적 연결이 생길 수 있으므로 조심해야 합니다.

3) 당신과 '정신 수준이 비슷한' 사람과 얘기를 나눠 보세요.

아마도 남편이나 친구, 부모님, 지인들일 겁니다. 아이는 절대로 아니겠죠. "나 왜 자꾸 아이에게 화를 내지?" 같은 질문으로 말문을 여는 게 좋겠습니다. 사람들은 무언가를 요청받으면 부담스러워하지만 의외로 질문을 받으면 기꺼이 도와주려 합니다.

4) 특히 남편에게는 자신이 어떨 때 화가 나는지 정확하게 말하세요.

단, 화나는 어투로 하지 말고 부드럽게 알려야 합니다. '나는 ~ 상황에서 화가 나', '나는 ~ 같은 상황이 참 싫어' 이런 식으로 진지하게 자신이 스트레스를 받는 상황을 정확하게 알리세요. 말로 하면 가장 좋고 문자나 편지도 좋습니다. 물론, '남편이 화가 나는 상황'도 얘기를 들어야겠죠. 각자 스트레스를 받는 상황을 이해하고 조심하기로 결심하면 아주 훌륭합니다. 새로 화가 나는 상황이 생기면 바로 화내지 말고 부드럽게 또 알리면 되겠죠.

이상의 방법으로도 해결이 안 되는 점들이 당연히 있습니다. 장기간에 걸쳐 해결해야 되거나(사실 육아의 문제가 대부분 그렇긴 합니다) 뾰족한 수가 없어 보이는 문제들이 있기 마련입니다. 이럴 때는 전작《마음 약국》에서도 한 번 언급했었던, 심리학자 소냐 류보머스키Sonja Lyubomirsky가 《행복의 신화》에서 제안한 '바보 같아 보이는 방법(류보머스키의 표현)'도 써 보면 좋을 것 같습니다. 그녀는 골치 아픈 문제와 관련된 물체, 예를 들면 편지, 일기, 사진 등을 용기에 넣고 봉인해 보라고 합니다. 그녀의 방법을 조금 변형시켜 어느 집에나 하나씩 있는 도자기나 항아리에 만족스럽게 해결되지 못한 문제를 넣은 후 6개월에서 1년 정도 지났을 때 꺼내 보면 어떨까요? 의외로 해결이 되어 있기도 하고 '그때 왜 내가 그렇게 고민을 했나?' 싶을 정도로 무의미하게 보이기도 할 겁니다. 여전히 중요하다면 다시 해결책을 찾아보고요.

저는 '설거지 명상'을 제안합니다. 최소한 하루에 한 번은 설거지를 하잖아요. 주방에 쌓여 있는 그릇들에 오늘 화났던 일, 서운했던 일, 괘씸했던 사람을 매치시킵니다. 세제로 빡빡 닦고 온수로 깨끗하게 씻어 내면서 화났던 마음을 흘려보내세요. 차곡차곡 접시를 정렬하면서 오늘 하루 비뚤어졌던 마음도 다시 원위치시키세요. "설거지 끝!"이라고 외치면서 '오늘의 화'도 '끝'내세요. 그런 후 '이제 편하게 잠들 것이다'라고 스스로에게 말한 후 아이를 두 팔 가득 안고 사랑한다고 말해 주고 동화책을 읽어 주세요. 다음 날 아침에 당신의 얼굴이 얼마나 반짝반짝 빛나는지 확인해 보세요.

그 반짝거림은 당신의 '마음'을 극복한 데서 발생한 것입니다. 화난 마음을 다스리고 극복한다는 것은 사실 쉬운 일이 아닙니다. 그것이 쉽다고 제가 쓴 것처럼 보였다면 그저 당신의 마음을 설득하려다 보니 그렇게 되었을 겁니다. 무척이나 어려운 마음 관리를 해낸, '정신 승리'를 한 당신이기에 얼굴이 빛나고 눈이 빛나는 겁니다. 그 아름다운 얼굴로 이제 잠든 아이 방에 들어가서 또 사랑한다고 말해 주세요. 아이는 매일같이 사랑을 먹고 사는 존재입니다. 어제 엄청난 사랑을 받았어도 오늘 또 배고파하지요. 진부한 말이긴 하지만 사랑하기만도 바쁜 우리의 인생입니다. 게다가 엄마가 되었다면 화내는 데 쏟을 에너지도 없습니다. 정말로 진지하게 다룰 것만 그렇게 하고 나머지는 가볍게, 가볍게 헤쳐 나가야 자신의 행복을 찾는 데에도 에너지를 쏟을 수 있습니다. 우리가 누구 엄마로만 생을 끝낼 수는 없잖아요? 그게 문제라는 게 아니라 대부분의 사람은 그 수준에서 만족하지 못하니까요.

아이에게 화내지 않고 문제 해결하기

앞에서 아이에게 화를 내지 말자는 취지로 말을 했지만 그렇다고 엄마가 화를 무조건 억눌러야 한다는 뜻은 아닙니다. 당신이 화가 나는 이유는 중요하고 반드시 해결해야 합니다. 다만 애꿎은 화풀이를 하지 말자는 겁니다.

또한 아이에게 한 번 화를 냈다고 해서 큰일이 나는 것도 아닙니다. 화를 낸 후 미안한 마음이 든다면 사과하면 되고요. 그저 반복해서 화를 내지만 마세요. 부모의 화를 '자주' 받으면 아이의 뇌 속에 스트레스를 처리하는 회로가 올바로 형성되지 못하게 됩니다. 그럼 아이는 커서도 스트레스를 받을 때마다 큰 혼란 속에 빠집니다. 그러니 화를 내기 전에 '화를 불러일으킬 정도로 불편감을 유발하는 이 문제'를 해결해 보자는 마음을 가져야 합니다. 두 사람만 살아도 문제투성이이니 정신 수준이 우리보다 낮은 아이까지 있으면 해결해야 할 상황이 얼마나 많겠습니까? '인생은 문제 해결의 연속이다'라는 말은 정말 사실입니다.

애꿎은 화를 내지 않으려면 항상 아이의 눈높이에서 문제를 해결해 보려 하는 것이 도움이 됩니다. 아이가 비싼 로봇을 '또' 사 달라고 하는

데 돈이 없거나 부모의 가치관과 맞지 않으면 '돈이 없는데 어쩌라고', 혹은 '이번 기회에 기강을 세워야지'라는 화나는 마음으로 대하지 말고 아이의 시각에서 소유욕을 충족시켜줄 수 있는 다른 방법을 생각해 보세요. 이를테면 다른 집에는 없고 우리 집에만 있을 수 있는 것을 찾아보세요. 애벌레, 풍뎅이, 지렁이, 거북이, 병아리, 무엇이든지요. 그리고 친구들을 집으로 한번 초대하세요. 올망졸망 모여 앉아 귀여운 생명체를 보고 돌아간 아이의 친구들은 다음 날 등교하면 득달같이 아이에게 와서 또 같이 놀면 안 되냐고 물을 겁니다. 로봇은 이미 잊어버렸습니다. 그것도 불가하면 친구들이 놀러 왔을 때 밀가루 장난을 실컷 하고 가게 하세요. 공원으로 데리고 나가 사람들이 없는 데서 물총 놀이를 해도 좋고요. 물론 친구들 엄마들에게 허락을 받은 후에요. 옷에 밀가루가 잔뜩 묻어 있거나 젖은 채로 집에 가면 놀랄 테니까요.

아이가 원하는 것은 자기가 친구에게 그러하듯이 친구들도 자기를 '부러워했으면' 하는 것입니다. 그 욕구를 해결해 주면 더 이상 보채지 않습니다. 반대로 이 욕구를 조금이라도 해결해 주지 않고 무조건 참으라고만 하면 마음속에 '결핍감'이라는 큰 구멍이 생기게 됩니다.

물건을 사 주는 부분에서 부모의 점수가 깎여야 한다면 마음껏 놀게 하는 부분, 관심과 사랑을 듬뿍 주는 부분에서 점수를 벌면 됩니다. 오히려 그게 훨씬 바람직한 방법이고요. 돈이 개입되고 부부의 가치관도 대립되는 문제가 있다면 각자 자신 있는 영역에서 대장을 정한 후 그 영역에서는 대장의 지시를 따르는 걸로 약속을 하면 좋겠습니다. 그래 봤자 대장은 엄마와 아빠가 돌아가면서 하겠지만 가끔은 장난 식으로 아이도 한 번씩 시키는 것도 재미있을 겁니다.

　문제 해결에 대한 방향이 정해지면 그다음은 뒤돌아보지 마세요. 어떻게 해결해도 늘 후회는 있기 마련이니 뚝심 있게 나아가기 바랍니다. 그리스 로마 신화의 '오디세우스와 세이렌' 이야기를 다들 아실 겁니다. 사람을 홀리는 요정인 세이렌들이 사는 섬을 지나기 전에 오디세우스는 유혹당할 소지를 원천 봉쇄하고자 선원들에게 자신을 돛대에 묶으라고 합니다. 심지어 자신이 풀어 달라고 애원해도 무시하도록 선원들의 귀를 밀랍으로 막습니다. 세이렌 섬을 지날 때 오디세우스는 예상대로 괴물의 소리에 홀려 줄을 풀어 달라고 몸부림치며 소리쳤지만 선원들의 귀가 안 들리니 속수무책이었고 결국 무사 귀환을 하게 됩니다. 백전노장이었음에도 자신의 의지력을 과신하지 않았던 오디세우스의 지혜가 엿보이는 이야기입니다. 그보다 의지력이 더 강하긴 힘든 우리, 보통의 부모들은 더욱더 세상의 온갖 시끄러운 소리를 걸러서 들어야 할 것입니다.

　아이에게 비싼 로봇을 '또' 사 주지 않기로 결정했다면 아무리 아이가 울고 보채도 아이의 주의를 전환하거나 좀 더 나이가 들면 이해시키는 식으로 대처하고 절대 결정을 되물리지 마세요. 당장은 아이가 상처를 받는 듯이 보이지만 결국 그게 아이에게도 득이 됩니다. 아이는 좀 더 크면 친구들에게 이렇게 말합니다. "우리 집에선 같은 물건을 또 사는 건 어림도 없어. 하지만 다른 게 있지…" 친구들이 눈을 반짝이며 아이의 얘기에 귀를 기울일 것이고 친구들의 그런 모습을 보게 된 아이의 마음속에는 부모에 대한 애정이 다시 솟아날 것입니다.

'화내지 않고 문제 해결하기'를 명심하고만 있으면 가정의 평화와 행복을 지켜 내는 게 어려운 일만은 아닙니다.

상담실에서 만나는 엄마들이 가장 많이 호소하는 고민은 방금 보았던 '아이에게 화가 난다'이고 두 번째로 많이 호소하는 고민은 '아이가 잘못 클까 봐 불안하다'라는 것입니다. 이런 걱정 역시 아이를 너무 사랑해서 생기는 것입니다. 사랑하면 두렵고 불안합니다. 인생 자체가 항시 불안이 가득하니 하물며 소중한 아이가 잘못될까 봐 염려되는 불안은 더욱 클 수밖에 없습니다.

하지만 다른 불안들에 비해 '육아 불안'은 생각이나 행동을 어떻게 하느냐에 따라 충분히 감소시킬 수 있습니다. 어쨌거나 아이의 행동반경은 좁으며 어릴수록 해바라기가 해를 바라보듯이 엄마만 쳐다보고 있으니까요. 충분히 안전하게 보호해 주면 걱정하는 일들은 거의 발생하지 않습니다. 오히려 엄마의 '불안해하는 마음'이야말로 불안의 진짜 원인입니다.

아이가 잘못 큰다는 말의 의미도 엄마들에 따라 천차만별이겠지만 여기서는 '몸과 마음이 정상적으로 발달하지 못하며 즐겁게 자신의 삶을 누리지 못하게 된다'라는 개념에서 살펴보겠습니다.

이 개념에서 볼 때, 아이가 잘못 크게 되는 상황은 바로 아래와 같습니다.

* 아이를 학대하거나 폭력적으로 대할 때
* 아이가 도움을 요청했는데 무시할 때
* 아이를 방치하고 관심을 주지 않을 때
* 아이에게 꼭 필요한 의식주를 제공하지 않을 때
* 아이를 소유하고 간섭하려 하며 지나치게 통제할 때
* 아이를 비판하고 수치심을 느끼게 하며 업신여기고 경멸할 때
* 부모가 지나치게 자기도취적이거나 완벽주의적인 태도를 보일 때

학대를 당하면 즉시 몸과 마음이 다치고 영혼까지 훼손됩니다. 방치나 무시, 지나친 통제 등으로 자신의 존재를 있는 그대로 인정받지 못할 때도 삶의 목표와 동기를 상실하고 큰 방황에 빠지게 됩니다. 이런 일을 겪게 되는 아이의 대응 방향은 크게 봐서 자신의 상처를 내재화하는 쪽, 그리고 행동화하는 쪽으로 나눠 볼 수 있습니다. 앞의 경우, 우울, 위축,

극심한 불안을 보이게 되고 뒤의 경우, 반항, 공격성, 복수심을 드러냅니다. 최근 드라마나 영화의 단골 소재로 등장하는 사이코패스의 어린 시절을 설명하는 장면에서 한결같이 부모로부터 학대받은 에피소드가 등장하는 것도 이런 맥락에서입니다. 행동화의 정도가 아주 심해지면 사이코패스가 될 수 있고 내재화의 정도가 아주 심해지면 '탈 현실화'하여 망상이나 환각을 보이기도 합니다. 이렇게 '잘못 크게' 되는 것입니다.

하지만 적어도 이 책을 읽는 분이라면 위의 경우처럼 아이를 대하는 분은 없을 거라고 생각합니다. 그러니 안심해도 됩니다. 위의 경우가 아니라면 아이가 잘못 클 가능성은 대단히 낮습니다. 그럼에도 아이가 잘못 크는 걸로 여겨진다면 과연 잘못 크는 게 맞는지 우선 생각해 봐야 합니다. 어쩌면 아이는 그저 엄마의 기준과 '다르게' 크는 것일 수 있습니다. 자신만의 독자성과 정체성으로 말이죠. 설사 그 독자성이 대학 입시를 통과하지 못하거나 좋은 직장에 들어가지 못하는 식으로 나타날지라도 그건 절대로 잘못 크는 게 아닙니다. 많은 엄마들이 남들과 비등비등한 '평균적인 모습'으로 커야 자식을 잘 키웠다고 생각하는 경향이 있어 조금만 그 기준에서 멀어지면 발을 동동 구르곤 합니다.

'평균적인 사람'으로 큰다는 것은 많은 장점을 갖고 있긴 합니다. '평균적인 학력과 스펙'을 갖추면 '평균은 하는' 무탈한 사람으로 보이기 때문에 '평균적인 삶'을 살게 될 기회를 좀 더 많이 갖게 되는 건 사실입니다. 다른 말로 하면 '안정적인 삶'이죠. 대부분의 부모는 자식이 '안정적으로' 사회에 안착해서 '안정적인 다음 단계의 삶'을 연속적으로 살아내기를 바랍니다. 대학 합격, 취직, 결혼, 아이 낳기 등 말이죠. '안정적'이어야 상위 수준의 발전도 있는 것이니 '평균적인 모습'을 갖추고자 하는 바람과 노력은 충분히 가치 있습니다.

하지만 아무리 '평균적으로' 그것들을 해내도 본인이 마음이 즐겁지도 않고 영혼도 고갈되는 듯이 느낀다면 '안정적인 삶'도 서서히 무너지게 됩니다. 이혼하기도 하고 잘 다니던 회사를 때려치우기도 하고 어처구니없는 금융 사고를 저지르기도 하고요.

자식이 잘못 클까 봐 불안하다고 하기 전에 자식이 잘 큰다는 것은 무엇일지 먼저 생각해 봐야 합니다. 아이가 성인이 되었을 때 의식주는 스스로 책임져야 할 테니 그에 합당한 능력은 갖추되 자신의 존재 가치를 느끼며 삶에 책임감을 가지고 사람들과 더불어 즐겁게 사는 것이야말로 잘 크는 것이 아닐까요? 이런 시각으로 아이를 키우면 불안할 소지가 별로 없습니다.

앞에서 살펴본 7가지 상황이 아니면 아이가 잘못 클 가능성은 극히 낮다고 말했습니다. 설사 이 중 1~2개에 해당하더라도 아이가 반드시 잘못 크는 것도 아닙니다. 상처는 분명히 받겠지만 부모 외의 다른 사람의 도움을 받아 그 상처를 극복하기도 합니다.

반대의 경우도 있을 수는 있습니다. 부모가 위의 경우에 해당하지 않는다 하더라도, 즉 정말 세심하게 배려하고 보호했는데도 아이가 잘못 클 수 있다는 겁니다. 부모 외의 사람들, 이를테면 친구를 잘못 사귄다거나 생각지도 못 한 어떤 부적절한 상황에 연루되어 일탈적인 모습을 보일 수 있습니다. 물론 이런 경우라도 평소 대화가 잘 이루어지고 부모가 세심하게 관심을 기울이면 그런 조짐을 빨리 알아차리고 적시에 개입함으로써 불미스러운 일을 충분히 막을 수 있습니다.

어른보다 강한 아이의 생명력

'아이가 잘못 클까 봐 불안하다'라는 고민에는 '아이가 아플까 봐 걱정이다'라는 고민도 포함되며, 이는 가장 부모의 신경을 곤두서게 합니다. 엄마가 마음을 비운다고 아이가 안 아픈 것도 아니니까요. 하지만, 결론부터 말하자면 아이는 생각보다 강한 존재입니다. 생명력과 면역력이 어른 못지않습니다. 아니, 어른보다 더 강합니다. 엄마 배 속에서 10개월을 버티고 나왔다면 감기 같은 웬만한 병 정도는 며칠만 지나면 다 이겨 냅니다. 아이가 열이 나거나 기침을 하면 병원에 데려가죠? 의사의 진단을 받고 약을 받아 온 후 시간을 철저히 지켜 가면서 먹이죠? 아픈 중에 보육 기관에 가게 되더라도 교사에게 신신당부를 하고요. 그리고 며칠 후, 축 처져 있던 아이는 언제 아팠냐는 듯이 또 킥킥대며 집을 난장판으로 만들어 놓지요. 제가 젊었을 때는 아이가 아픈 그 시점에만 초점이 가 있어서 힘들기만 했는데 지금 생각하면 정말 어떻게 그렇게 며칠 만에 말끔하게 나았는지, 그때는 깨닫지 못했지만 수시로 기적이 일어났다는 생각이 듭니다. 늙어서는 감기조차도 며칠 만에 낫기 힘든데 말이죠. 아이가 낫기를 바라는 부모의 간절한 염원, 주변 사람들의 도움, 그리고 무엇보다도 아이의 타고난 생명력이 합해져 벌어졌던 일이었습니다.

이렇듯 아이는 생명력이 아주 강합니다. 엄마 손길 하나 닿은 적 없는데 배 속에서 10개월을 버티고 나오는 존재입니다. 2021년 1월 31일, '연합뉴스 TV'의 기사에 따르면 미국에서 신종 코로나바이러스 감염증에 걸린 산모의 아기 대다수가 항체를 갖고 태어났다고 합니다. 1,000명 이상의 산모와 신생아에 대한 조사를 한 결과 코로나바이러스에 감염된 적이 있는 임신부 83명 중 72명에게서 태반을 통해 면역글로불린G^{IgG} 항체가 아기에게 이전된 것이 확인됐습니다. 아이는 자연과 신이 보호합니다.

그럼에도 아이가 아플 때는 워킹맘이 사표의 유혹을 가장 크게 느낄 때입니다. 아픈 아이를 두고 출근할 때 '내가 무슨 영화榮華를 누리겠다고 아이를 놔두고 출근을 하나'라는 생각을 안 하는 워킹맘은 없을 겁니다. 하지만 좀 더 오래 살아 본 선배맘으로서 하고 싶은 말은, 아이가 '아주 심하게' 아프지 않은 이상 '아파도 삶을 계속 살아간다'라는 생각을 굳건히 가지라는 것입니다. 간밤에 열이 나서 보채는 아이 때문에 한숨을 못 자도, 그런 아이를 끌어안고 울더라도, 오늘 누군가에게 아이를 맡길 수 있다면 마음이 아파도 하던 일을 계속하라는 것입니다.

사실 우리가 '영화' 운운할 때는 아이가 아픈 것이 100% 원인은 아닙니다. 아이도 아픈데 직장 스트레스까지 받을 때 그런 생각이 나지 않던가요? 아이가 아파도, 직장만 나가면 모든 사람이 당신을 환대하거나 하루에 100만 원씩 번다면 '영화' 운운하지는 않겠죠. 아픈 아이가 당신의 중요한 결정의 무의식적인 핑계가 될 수도 있다는 겁니다. 그러니 씩씩하게 삶을 직면해 나가겠다는 심지를 굳게 다졌으면 좋겠습니다.

워킹맘이 진지하게 사표를 고려해 볼 때는 앞에서도 말했듯이 아이가 '아주 심하게' 아플 때, 이를테면 의사가 나을 거라고 말했던 시간의 2배, 3배가 지났는데도 회복되지 않을 때가 아닐까 싶습니다. 아이의 타고난 생명력만으로는 감당이 안 되는 어떤 문제가 있을 수 있으니 집에서 아이를 간호해 줄 대리 양육자가 없다면 부모가 집중해서 아이를 보살펴야 할 테니까요. 그 정도로 아픈 아이를 보육 기관이나 학원에 보낼 수도 없겠고요. 아이가 잠깐 아프더라도 씩씩하게 계속 삶을 살 것, 단 아주 심하게 아플 때는 아이의 안전을 제외한 나머지 부분에서는 과감히 결단을 내릴 것. 이렇게 큰 방향을 갖고 있으면 아이가 아프더라도 극심한 불안까지는 이르지 않을 겁니다.

만약 아이가 아파서 사표를 내야 한다면 또 여러 가지 불안한 생각이 떠오를 것입니다. '지금 그만두면 이런 직장이 또 있을까? 나중에 복직하면 나보다 어린 사람을 상사로 두어야 할 텐데 자존심이 상해서 그게 될까?' 같은 생각들 말이죠. 저도 그런 생각을 한 적이 있습니다. 한 번은 아이가 감기를 앓았는데 보름이 넘도록 차도가 없었습니다. 다니던 병원의 의사 선생님은 약도 바꿔 보고 여러 가지 조언도 해 주시면서 입원할 정도는 아니라며 기다려 보자고 했지만, 저는 무슨 숨겨진 문제가 있는 건 아닌지 굉장히 불안해졌고 직장에서도 일손이 잡히지 않았습니다. 그 다음 주까지도 낫지 않으면 정말 사표를 낼 생각이었는데 바로 그때 조금 전의 생각이 들면서 잠시 번민이 생기더군요. 다행히도 아이는 그 주 주말에 말끔히 나아서 사표 내는 건 없던 일로 지나갔지만 훨씬 나중에 그런 생각들을 다시 점검해 볼 기회가 있었습니다. '지금 그만두면 이런 직장이 있을까?' 있고말고요. 그 직장에 다시 들어가기는 어렵겠지만 그 직장에서 반경 몇 킬로 내의 비슷한 직장은 반드시 있습니다. 직장이 없어서 못 가는 게 아니라 순전히 '내가 싫어서' 안 가더라고요. '나보다 어린 사람을 상사로 두면 자존심 상하지 않을까' 하는 생각도 좀 더 나이가 들어 보니 다소 지나친 자기애에서 비롯된 하찮은 감정이더군요. 만약 내가 아이를 키우다가 나중에 다시 일을 하게 된다면, 당시의 직장 트렌드에 당연히 뒤처져 있을 테니 그 트렌드를 잘 파악하는 사람이 상사가 되는 게 당연하지 않겠어요? 내가 실력이 있다면 따라붙을 것이고 부족하면 또 배워야겠지요. '경력 단절'이라는 단어를 사지가 하나 떨어지는 듯한 파국적인 느낌으로만 받아들이면 굉장히 기분이 나쁘지만 '일을 쉬었기 때문에 재적응이 필요한' 중립적인 용어로 받아들이면 기분이 상할 것도 없습니다.

아이가 아파 사표를 내야 할 지경인데 어떻게든 사표를 내지 않고 버티는 상황을 가정해 보면, 어차피 직장에서 내 경력을 온전히 지속하기는 힘들 겁니다. 오히려 이리 치이고 저리 치이기만 하면서 표면적으로는 직장을 다니고 있지만 '내부적 경력 단절' 상태에 있을 겁니다. 기업이라는 곳은 회사 업무 외에는 다른 어떤 것에도 주의를 기울이지 않는 직원을 최고로 치고 그런 사람만 고위직으로 승진시키고자 하는 대단히 비인간적인 곳이니까요.

엄마가 되면 승진과 육아, 연봉 인상과 가정의 안정 사이의 갈등이 불가피합니다. 남들은 두 마리 토끼를 다 잡는 것 같은데 '왜 나만 그게 참 힘들까?' 하며 팔자타령을 하게 되기도 하고요. 그럼에도 '사표 내고 육아에 전념했다가 복직하게 될' 전망이라면, 행복에 이르는 길은 하나만 있는 게 아니라는 '당연한' 진실을 가슴에 새겼으면 좋겠습니다. 이를테면 복직 후에 예전에 나보다 낮은 지위에 있던 사람이 상사가 되더라도, 책임을 져야 하는 자리인 그 상사 뒤에서 나는 조금은 더 마음 편히 일할 수 있습니다. 해야 할 일이 많은 엄마에게는 오히려 좋은 자리일 수도 있죠. 보수는 그 사람보다 낮겠지만, 대신 아이와 같이 보내는 시간을 더 확보할 수 있고요. 돈만이 유일한 가치는 절대로 아니니까요.

아이가 없다면 죽을 때까지도 이런 생각을 해 보지 못할 겁니다. 하지만 부모라면 세상에서 가장 무섭고 두려운 게 아이가 아픈 일이라는 데에 고개를 끄덕일 겁니다. 그에 비하면 그 외의 스트레스는, 그게 자리든 연봉이든 명예든, 얼마든지 생각하기 나름입니다. 높은 지위에 있으면 당연히 좋지만, 그렇지 않더라도 이 삶을 계속 살아가도록 하는 데 절대적으로 중요하지 않다는 것을 깨닫게 될 것입니다.

요약하면, 부모가 '정상적으로' 아이를 키우는 한 아이가 잘못 클 확률은 극히 낮습니다. 그리고 아이가 잔병치레는 많이 하겠지만 근본적인 생명력이 무척 강하기 때문에 놀라울 정도로 빨리 회복합니다. 그러니 불안을 내려놓아도 되겠습니다.

완벽한 육아라는 함정
"완벽한 육아에 집착하게 돼요"

앞서 아이가 '잘못 크게 되는' 상황의 예시를 들면서 이 경우에 해당하지 않은 가정은 걱정할 필요가 없다고 말했습니다. 하지만 적지 않은 엄마들이 해당되는 어떤 상황은 아이를 잘못 크게 할 가능성이 매우 높습니다. 바로 '완벽주의적인 태도를 보일 때'입니다.

완벽주의는 아이와 엄마 모두에게 해롭다

완벽주의적 태도는 완벽하게 상황을 통제하면 불안하지 않을 거라고 잘못 생각해서 나오는 모습입니다. 불확실한 상황에서는 무언가를 통제하면 기분이 좀 나아지는 느낌이 드는데 그러면 마치 '자신이 문제를 잘 해결하고 있는 듯한' 생각을 하게 됩니다. 그런데 완벽주의는 참 아이러니한 특성이 있는데 완벽하게 일을 해내려 할수록 완벽에서 멀어지게 된다는 겁니다. 사람인 이상 모든 상황을 100% 통제하지 못하므로 결국은 일부분만 지나치게 완벽을 기하게 된 결과 오히려 전체 맥락을 놓치게 되어 그렇습니다.

엄마들이 출산 후 갑자기 완벽주의적 태도를 보이는 경우는 드물며, 본인의 원래 성격이 그러했을 가능성이 높습니다. 만약 그렇다면 왜 완벽주의 성격을 갖게 되었을까요? 많이 언급되는 이유로는 성장기 환경에서 부모로부터 충분한 인정을 받지 못했을 수 있다는 것입니다. 이러한 태도가 자신에게 향할 때는 스스로 불편하지만 타인에게 향할 때는 큰 피해를 끼치지 않는 이상 굳이 문제 삼을 정도는 아닙니다. 그런 태도를 지녔기에 지금까지 성공한 것도 사실이고요. 사실, 이들은 '완벽하게' 자신을 다스리기 때문에 타인에게 피해를 끼치는 일도 드뭅니다.

문제는, 자신의 문제에 대처하기 위해 갖게 된 모습을 아이에게 막무가내로 적용하거나 요구하는 경우입니다. 당신의 아이는 당신의 엄마가 낳은 아이가 아닌, 당신이 낳은 아이입니다. 당신은 부모에게서 무언가 부족함을 느껴 그것을 채우고자 완벽주의적 태도를 갖게 되었지만 당신의 아이는 당신에게 완전히 새롭게 존중받을 수 있잖아요. 새로 시작할 수 있는 소중한 기회를 과거의 습관적 모습으로 망친다면 너무 허무하죠. 아이는 아이대로 힘들고 당신도 심히 소진됩니다.

완벽주의적 태도로 아이를 대하는 사람은 육아에서 온전한 기쁨을 누리는 일이 거의 없습니다. 설사 아이가 당신의 기준을 한 번 맞추었다 해도 계속 요구하게 되죠. 완벽주의가 원래 그런 것이니까요. 하지만 아이들은 어떤 것이 끝없이 요구되면 "엄마 미워!" 하면서 도망갑니다. 그 어떤 것이 아무리 그럴싸한 목표를 지향하더라도 아이들은 그딴 것에는 관심이 없습니다.

이 성격을 가진 사람들은 필사적으로 '훌륭한 부모'가 되려 합니다. 부모 되기를 일생의 숙제로 받아들인다고 해야 할까요. 하지만 유감스럽게도, 아이에게 강압적인 태도를 보이는 것밖에는 다른 방법을 모를 때가 많습니다. 만약 당신이 완벽주의적 성향이 있고 그렇게 되게끔 큰 영향을 미친 부모님 또한 그러하다면, 자신과 아이의 행동을 과소평가할 수 있음을 항상 유념하고 더 노력하라고 부추기지 말아야겠다고 마음먹어야 합니다. 자신에게는 말할 것도 없고 아이에 대해서는 더욱더 비하하는 말을 일절 하지 말고 '이만하면 됐다, 오늘은 여기까지'라고 생각하며 자족하는 연습을 의도적으로라도 자주 해야 합니다.

비하하는 말까지는 아니더라도 '반드시, 꼭, 세상 사람 모두 다, 절대로, 의무적으로' 같은 용어를 자주 사용한다면 완벽주의적 성향일 가능성이 높습니다. 아이와 저녁마다 실랑이를 벌이는 양치질의 예를 들어봅시다. "반드시 이를 닦아야 해. 세상 모든 아이는 자기 전에 이를 닦지. 이를 닦지 않으면 절대로 좋은 아이가 아니야" 같은 말보다는 "이를 안 닦으면 세균이 득실대는데 괜찮겠어? 그러다가 충치 생기면 아파서 맛있는 것도 먹지 못할 텐데 말이야"라는 식으로 아이가 수용할 수 있는 부드러운 표현을 쓰는 게 효과가 좋습니다. 그럼에도 아이가 이를 안 닦아 충치가 생긴다면 치과에 한번 데려가야겠죠. 아이도 그런 '무서운' 경험이 한 번씩 있어야 스스로 위생 관리를 할 테니까요.

'완벽하게' 아이를 키우면 될 거라는 생각은 엄마들이 아이의 인생을 신처럼 통제할 수 있다는 착각에서 생기기도 합니다. 우리는 살면서 '처음'을 목격할 때가 굉장히 드뭅니다. 태어나 보니 우리는 누군가의 자식이었고 어떤 나라의 국민이었습니다. 심지어 우리의 출생은 기억조차 나지 않습니다. 하지만 '내' 아이는 처음이 있죠. '내' 배 속에서 세상으로 처음 나오는 그 시간이 분명히 있고 바로 그 순간을 엄마가 목격합니다. 그러다 보니 출생 순간부터 아이를 완벽하게 지도하면 아무 문제 없이 더 행복하게 자랄 거라는 환상이 생깁니다. 하지만 아이의 '처음'은 출생 직후일까요, 엄마 배 속에 수정란으로 착상되었을 때부터일까요? 유전자 차원에서 생각하면 몇 만 년 전까지도 올라갑니다. 영혼의 차원에서 생각하면, 내 몸속에 착상된 건 맞지만 존재의 시작이 언제부터였는지는 도통 알 수가 없습니다.

아이가 유독 예쁜 날 엄마가 아이의 뺨을 비비며 이렇게 말하죠. "아휴, 어쩜 이런 천사 같은 아이가 엄마 옆에 왔지?" 그러면 아이가 이렇게 말하죠. "으응, 내가 하늘나라에서 보니까 엄마가 나 같은 아이 달라고 기도해서 왔지." 이 실없는(?) 농담이 과연 실없는 것일지 천상의 비밀일지 우리는 전혀 모릅니다. 생명이 신비이듯이 아이 또한 그저 신비롭게 무럭무럭 자라 자신의 인생을 시작하고 펼쳐 나갑니다. 우리가 할 수 있는 일은 이 천사가 지구에서도 한번 재미있게 살아 보도록 안전한 환경을 만들어 주는 것밖에 없습니다.

아이는 아이만의 인생이 있다

설사 우리가 아이의 시작을 '목격'했다 해도 끝이 어떨지는 도통 알 수가 없습니다. 제 친구들은 결혼을 했던 나이도, 아이를 낳았던 나이도 다 달라서 아이의 나이대에 어울리는 동질적 대화가 한때 참 힘들었습니다. 한 친구가 이제 초등맘이 되어 힘들다고 하면 고등맘인 친구가 "그걸 힘들다고 하느냐"라고 말하며 가소롭다는 듯이 바라보는 식이었죠.

어느 해, 한 친구의 딸이 막 재수를 시작한 3월 말쯤 친구들과 모임이 있었습니다. 요즘은 친구들 사이에서도 본인이 먼저 말을 꺼내지 않는 한 자식의 입시나 취직, 결혼에 대해서 묻지 않으니 일단 밥부터 먹었습니다. 후식을 먹을 때 한 친구가 울음을 터뜨리며 말했습니다.

"나 말이야, 내 아이가 태어났을 때 그로부터 18년 후 재수를 하게 될 거라고는 정말 꿈에도 생각하지 못했어."

친구의 딸이 공부를 엄청 잘했던 것을 알기에 그녀의 울음은 이해되고도 남았습니다. 이미 예전에 자식을 재수시켜 봤던 다른 친구들도 '자식의 재수'를 처음 겪었을 때의 그 감정이 무엇인지 알기에 이번만큼은 "나도 다 겪었다. 우리 애는 지금 삼수 중인데 재수 따위로 힘들어하냐"라는 식으로 말하지 않았습니다. 조금 있다가 다른 친구가 말했습니다.

"애가 초등학교 4학년 때 학교에서 호출을 받게 될 줄은 누가 알았겠니. 우리 애까지 포함한 몇 명의 애들이 전학 온 아이를 놀리고 왕따 시켰다고 하더라고. 처음에는 오해일 거라고 항변하기도 했지만 서서히 증거들이 나오니 나중에는 내 애가 맞나 싶으면서 앞이 깜깜하더라고."

또 다른 친구는 이렇게 말했습니다.

"그렇게나 점잖았던 아이가 고등학교 때 술 취해서 들어왔던 아버지한테 시끄러워서 공부 못 하겠다고 멱살 잡은 건 어떻고? 내가 뜯어말리자 냉장고를 주먹으로 쳐서 움푹 들어갔었지. 나중에 이사 갈 때 이삿짐센터 직원이 "이 집에 고등학생 아들이 있나 봐요?" 해서 "왜요?" 그랬더니 "남자 고등학생 있는 집은 다 이래요"라고 하는데 웃어야 할지 울어야 할지 참 기가 막히더라."

그 옆에 있던 친구가 말을 받았습니다.

"아니, 그 사람은 뭔 오지랖이래? 그렇게 잘 알고 있으면 부모 속도 알 테니 말을 아끼던가."

이 말에 옆의 친구가 "자기네 집에서는 그런 일이 일어나지 않는다고 자랑하고 싶었나?"라고 말해서 비로소 분위기가 좀 풀렸습니다.

이어서 다른 친구가 이렇게 말했을 때는 모두 웃음을 터뜨릴 수밖에 없었습니다.

"애들 고모가 그러던데 냉장고 꺼지는 집은 양반이래. 신경질 난다고 현관문을 하도 차서 이사 나갈 때 현관문을 교체해 주는 집이 한둘이 아니란다."

하지만 이 친구가 연이어 말했을 때는 다시 분위기가 가라앉았습니다. 그 이유는 아이가 어렸을 때는 '남의 집에서나 일어나는 일'이라고 쳤던 일들이 20년 가까이 키우다 보면 '우리 집에도 일어날 수 있는 일'이 되기 때문이었습니다.

"고모는 어디서 그런 말을 다 듣는지, 회사 대표인 어떤 엄마가 낮에 서류를 찾으러 집에 들렀는데 고등학생 아들이 여자 친구와 섹스를 하고 있더라는 거야. 난리도 아니었다고 하더라."

좋지 않게 끝난 얘기만 옮겼다고요? 글쎄요, 그날은 '내 자식은 이렇게 잘나간다'라는 말을 도저히 할 수도, 해서는 안 되는 분위기여서 그랬는지는 몰라도 '좋게 끝난' 얘기는 듣지 못했습니다. 물론 부모가 바라는 바람직한 모습으로 자란 자식들도 있었지요. 그래 봤자 끝까지 좋을 걸 장담할 수 없다는 걸 우리는 너무 잘 알았던 것 같습니다. '대학에 붙었으니 인생이 좀 편할 거라고 믿어도 될까?', '취직했으니 좀 더 마음의 여유가 있을 거라고 생각해도 될까?' 이렇게 물음표에 가까운 긍정적 전망일 뿐이지 마침표로 확정될 수는 없다는 걸요.

학창 시절에 성실하고 책임감 높으며 배려심 높기로 둘째가라면 서러워할 친구들이었습니다. 대학도 모두 잘 갔고 지금도 각자의 영역에서 능력을 잘 발휘하는 친구들이었습니다. 자식은 얼마나 공들여 키웠겠습니까. 하지만 자식은 자신만의 인생 트랙이 있더라고요. 부모는 자식이 '좋은 삶'을 살기를 기대하고 최대한 좋은 조건을 마련해 줄 수는 있지만 결과를 불안해하고 집착할 수는 없습니다. 그날 제가 그랬듯이 친구들도 모두 마음속에 그 엄연한 진실을 다시금 되새기며 잠시 쓸쓸하게 귀가했을 겁니다. 하지만 집에 들어가자마자 또 냉장고를 뒤져 자식의 입에 들어갈 음식을 만들었겠죠. 문이 움푹 들어간 냉장고에서 말이죠. 친구는 아들이 볼 때마다 반성하라고 냉장고를 바꾸지 않았다고 합니다. 장가갈 때 새로 사 놓으라고 할 거라는군요. 부모라면 자식이 잘못된 행동을 했을 때 당연히 훈계해야지요. 하지만 훈계를 할지언정 자식은 그저 사랑을 주는 존재이지 부모의 기대대로 살기를 바랄 수는 없습니다.

아이는 '내' 뜻대로, '내' 인생 설계대로 절대로 자라지 않는다는 것을 다시 한번 명심했으면 좋겠습니다. 육아가 한 5년 안에 끝나면 그나마

가능성이 있겠는데 와우, 20년이네요. 정말, 아주 정말 긴 시간입니다. 변수가 많아도 너무 많죠. 20년 동안 '내' 인생도 원래 계획대로 펼치지 못했는데 어떻게 아이는 그게 당연하겠습니까. 20년 동안 어디 크게 다치지 않고 크는 것만으로도 이미 기적입니다. 엄마 인생에서 평생 일어날 기적이 아이가 클 때 다 일어나는 바람에 이후 기적을 못 보는 건지도 모르겠습니다. 아이가 5세가 되면 3세 때 입었던 옷을 '아나바다'해도 된다, 이 정도만 확실하지 나머지는 그 어떤 것도 확실한 게 없습니다.

아이가 우리 뜻대로 크면 물론 좋겠지만 그렇지 않더라도 그건 잘못 크는 게 아니라 아이가 자신의 인생을 사는 것으로 생각하면 크게 불안하지 않습니다. 우리가 할 일은 아이가 다치지 않게 몸과 마음을 잘 보호해 주고 자신의 역량을 마음껏 펼칠 수 있도록 도와주는 것, 그게 다입니다. 나머지는 우리가 어쩔 수 없습니다. 어쩔 수 없는 것까지 불안해하는 건 시간 낭비가 아닐까요?

사실 불안 자체는 '미지未知에 대한 걱정'이라 할 수 있습니다. 이러한 걱정은 당연하지만, 미지의 것은 미지의 것으로 남겨 놓을 수밖에 없습니다. 대신에 지知, 즉 우리가 알고 할 수 있는 것에만 집중한다면 불안에서 벗어날 수 있습니다. 불안은 어떤 계획이나 설계, 생각으로는 절대로 극복할 수 없습니다. 그저 의미 있는 어떤 행동을 할 때만 극복됩니다. 아이가 안전하게 자라도록 보호하면서 나머지 시간은 엄마 자신의 인생을 찾아보는 것이 의미 있는 행동이 될 것 같습니다.

당신이 만약 불안으로 힘들어하는 청중에게 강연을 한다면 무슨 말을 해 줄 것 같은가요? 또 만약 완벽주의 성격으로 힘들어하는 청중에게 강연을 한다면 무슨 말을 해 주겠습니까? 바로 그 말을 자신에게 먼저 적용하면 실제로 불안감이 많이 없어지고 완벽주의적 태도에서도 많이 자유로워질 겁니다.

모성애가 부족해서 걱정이라는 것 또한 상담실에서 많이 듣는 엄마들의 고민입니다. 모성애는 '감정'이라고 할 수 있겠죠. '애愛', 즉 사랑의 감정이니까요. 그런데 상담실에서 "나는 사랑이 부족해서 걱정이에요"라고 호소하는 내담자를 본 적은 없습니다. "사랑을 못 받아서 힘들어요"라는 고민은 많이 들었지만요. 그럼에도 유독 모성애 부족을 고민하는 것은 모성애는 일반적인 사랑과 달리 훨씬 쉽게 가질 수 있는 감정이라고, 특히 엄마라면 당연히 가져야 하는 감정이라고 생각해서 그런 것 같습니다. 아이에게 화도 자주 나고 생활도 완벽하게 관리하지 못하는 총체적 현상을 '모성애 부족'이라는 단어로 응축해서 표현하는 것 같기도 하고요. 이런 엄마들은 '내가 모성애가 강하다면 지금보다 아이를 잘 키울 수 있을 텐데 모성애가 부족해서 문제다'라고 생각합니다.

모호한 모성애의 실체

우선, 모성애의 실체가 있다고 가정해 봅시다. 그렇다 치더라도 엄마들은 체력이 달리고 산후우울감이 불가피하며 출산 후 직면하게 되는 불공정한 책임과 의무로 인한 분노, 가족을 안전하게 보호하고 미래의 삶을 준비하는 것에 대한 두려움 등으로 아이에 대한 사랑의 감정이 가려질 수밖에 없습니다. 즉 모성애 부족을 고민하는 엄마들은 정말로 그러하기보다는, 다른 스트레스로 인한 부정적인 감정의 강도가 너무 세서 아이에 대한 사랑을 제대로 자각하거나 표출하지 못하는 것입니다.

이번에는 모성애는 과연 실체가 있는 것인가에 대해 생각해 봅시다. 출산 후 엄마의 뇌를 들여다보면 판단력과 사고력을 담당하는 부위의 영역이 이전보다 작아지는 반면, 복잡성과 유연성을 담당하는 영역은 커져 신생아를 돌보는 데 유리한 쪽으로 일시적으로 변한다거나, 산후에 모성 행동을 유발하는 옥시토신이 많이 분비된다는 등 '자연 발생적'인 모성애가 여성의 유전자 정보 안에 있다고 보는 뇌과학 연구들이 있긴 합니다. 출산 후 젖이 분비되고 자다가도 갓난아이의 아주 작은 울음소리에도 벌떡 일어나게 되는 것을 보면 선천적인 모성애는 어느 정도 사실일 것입니다.

하지만 지금은 모성애 또한 사회적으로 형성된 개념이라는 주장이

주류입니다. 영국의 유명 과학 커뮤니케이터 한나 크리츨로우^{Hannah Critchlow}는《운명의 과학》에서 육아에 관한 '본질주의적' 주장을 경계해야 한다고 말합니다. 그녀는 수컷 쥐는 보통 새끼를 돌보지 않지만 암컷 쥐가 없는 상태에서 굴속에 새끼 쥐와 같이 있으면 새끼의 털을 고르고 둥지도 짓는 '모성(부성)' 행동을 하는 것처럼 수컷의 뇌 속에도 육아 회로가 존재한다는 증거를 제시합니다. 그리고 일부 저자들이 신경과학을 끌어들여 여성의 역할, 특히 엄마의 역할에 대해 사회적으로 지나치게 보수적인 주장을 강조하려 한다는 점을 경고합니다. 심지어 그녀는 모성애를 강조하는 과학적 연구들을 '사이비 과학'으로까지 표현합니다.

나임윤경, 김고연주 등 7명의 학자가 집필한《엄마도 아프다》에는 모성애 개념의 발현과 역사가 잘 정리되어 있는데요. 이 책에 따르면 모성애 개념이 등장한 것은 18세기 서구 사회의 남성 지식인들이 '어머니 되기'의 중요성을 줄기차게 강조하기 시작하면서였고, 이후 산업화와 더불어 인구 증식이 국부로 인식되고 유아의 생존이 국가의 중요한 과제로 부상하면서 면면히 이어 내려온 것이라고 설명합니다. 또한 한국의 경우 일제강점기를 전후해 일본을 비롯한 외세에 맞설 수 있는 나라의 대들보를 키워 낼 장래의 어머니, 즉 여성들을 교육시켜야 한다는 주장들이 제기되었고 '민족 개량', '민족 개조'라는 명분하에 여성들에게 능력을 갖출 것을 과하게 요구하는 담론이 지배적으로 자리 잡았다고 설명합니다. 일종의 강력한 '내셔널리즘'의 분위기로 인해 엄마들은 유아의 위생과 건강에 전례 없이 큰 관심을 보이게 됩니다. 1960~70년대의 '훌륭한' 엄마가 '우량아 선발 대회'에서 우승하는 아이의 엄마였다면, 지금은 대학에 잘 간 자식의 엄마로 바뀌긴 했지만 전형적인 모성상像에서 벗어나지 못한 것은 똑같습니다. 제가 어렸을 적 어느 집에나 1~2권씩 있었던 '가정 살림 백과' 유의 책에 여성들이 한결같이 예쁜 긴 드레스에 앞치마를 두르고 두건을 쓴 채 '현모양처'의 모습을 내세우는 사진이 실렸던 것을 기억합니다. 그런 사진을 보고 자란 여성이 깊게 생각하지 않으면 자신도 모르게 누군가 만들어 놓은 여성상像을 내재화할 수밖에 없을 것입니다.

1990년대 이후로는 성수대교와 삼풍 백화점 붕괴 등을 시작으로 크고 작은 온갖 재난 상황을 보게 된 엄마들이 국가의 안전 기반이 극도로 허술하다는 자각을 하게 되면서 '내 아이는 내가 지킬 수밖에 없다'라는 훨씬 강력한 관념, 그리고 과학적이고 전문적 지식으로까지 무장하게 되는 모성애로 바뀌게 됩니다. 이처럼 모성애는 '후천적이고 상황 발생적'인 부분도 매우 클 수 있다는 점을 생각해 보면 좋겠습니다.

모성애보다 좀 더 넓은 범위인 '젠더' 개념에서 이미 오래전에 프랑스의 철학자이자 소설가인 시몬 드 보부아르Simone de Beauvoir가 "여자는 태어나는 것이 아니라 만들어진다"라고 말했듯이 '엄마'라는 존재, 혹은 '모성애' 또한 그렇게 보는 게 타당할 듯합니다. 즉 엄마의 사랑을 일관되고 보편적인 특성으로 따로 떼서 보는 게 아니라 다른 감정들과 마찬가지라는 것, 따라서 상황 특수적이며 불안정할 수밖에 없다는 사실을 받아들여야 합니다. 감정 자체가 불안정하듯이 모성애 또한 그럴 수밖에 없음에도, 유독 모성애만큼은 엄마들이 '반드시' 가져야 할 것으로 생각하다 보니 아이에 대한 감정이 흔들릴 때마다 불가피한 죄책감까지 유발됩니다.

각자만의 모성애가 있다

저는 모성애가 강한 사람입니다. 무슨 정식 '모성애 검사'를 통해서가 아니라 친구들끼리의 잡담 기준에서 그렇습니다. 아이를 낳은 친구들이 이런 얘기를 한 적이 있습니다.

"너희, 내가 얼마나 잠이 많은 사람인지 알잖아. 한번 잠들면 누가 업어 가도 모르잖아. 그런데 아이가 모기만 한 소리로 "응애" 해도 자다가도 벌떡 일어나는 거 있지. 나, 이렇게 모성애가 강한 사람인 줄 몰랐다."

"내가 얼마나 구두쇠니? 다른 사람한테는 10원 한 푼 쓰는 것도 벌벌 떨잖아. 그런데 아이를 위해 쓰는 돈은 전혀 아깝지가 않아. 그뿐인 줄 알아? 그렇게 옷 사는 거 좋아했던 내가 펑퍼짐한 티셔츠나 입고 있으면서 아이만큼은 기가 막히게 입히고 신기잖아. 다른 사람이 행복해하는 게 기분 좋다니 내가 이렇게 강한 모성애가 있었나, 하고 놀라.”

"나같이 이기적인 사람이 몸이 아파 죽겠는데도 아이 먹을 음식을 만들잖아. 아이 입 속에 먹을 거 들어갈 때마다 왜 그렇게 행복하고 배가 부르니? 나, 없던 인류애가 생긴 것 같아. 이거 모성애 맞지?”

친구들의 기준이 맞는다면 저 또한 모성애가 강한 사람이라고 주장해 보는 겁니다. 친구들의 표현은 각자 달랐지만 크게 보면 자신이 아닌 다른 사람(아이)의 행복을 진정으로 즐거워하고 기뻐한다는, 예전에 비해 마음이 조금 넓어졌다는 의미로 다가옵니다. 그 정도면 되지 않을까요? 그리고 이 정도면 당신도 모성애가 강한 사람에 속하지 않을까요? 길을 가다가 차가 올 때 아이를 막아서고 대신 다친다는 식의 살벌한 테스트를 통과해야만 모성애가 강한 것은 아닐 것입니다.

저는 ‘모성애의 감각’이라는 게 있다고 생각합니다. 제 경우에는 모성애가 안眼 감각적으로 왔습니다. 조카와 제 아이뿐 아니라 모든 아기에게서 어떤 빛이 느껴집니다. 반경 10미터 내에 아기가 있으면 그 빛이 느껴져 자연스럽게 시선이 향합니다. 한국 출신의 세계적인 보이밴드의 멤버 7명이 옆에 있어도 아기가 같이 있으면 아기에게 먼저 눈이 갈 거라고 예상해 볼 정도입니다. 요즘은 남의 아기를 지그시 쳐다봐도 실례이고 만지는 것은 더욱 안 되기 때문에 먼발치서 슬쩍 쳐다보기만 하지만, 아기들은 멀리서도 마음을 통째로 뺏는 강렬한 빛을 분명히 가지고 있습니다. 이에 더해 후각적인 것도 있습니다. 모든 아기에게선 복숭아 향이 납니다. 이 얘기를 했더니 결혼을 안 한 친구가 "베이비 파우더 냄새겠지"라며 코웃음을 치긴 했지만, 아주 향기로운 아기들만의 냄새가 있다고 생각합니다.

어떤 사람은 아기를 볼 때마다 '아랫배가 따뜻해지면서 든든해지는 느낌이 든다' 하고 또 어떤 사람은 '아기가 귀여운 짓을 할 때마다 오줌을 질질 쌀 정도로 사랑스러워서 미치겠다'라는 말을 하기도 합니다. 오늘, 한번 가만히 아기를 쳐다보십시오. 몸의 어느 부분이 따뜻해지는 느낌이 들 것입니다. 심장일 수도 있고 아랫배일 수도 있고 저처럼 눈일 수도 있습니다. 또는 어떤 향, 손의 감각, 코가 벌름거려지는 느낌 등 분명히 신체적으로 느껴지는 감각이 있을 것입니다. 아주 드물긴 하지만 아기 울음이 두오모 성당의 종소리로 들릴 수도 있습니다. 꼭 감각적인 것만은 아닙니다. '눈물이 살짝 고일 것 같은 기쁨'일 수도 있고 아이를 볼 때 "오~~!" 하며 터져 나오는 떨림일 수도 있습니다.

무엇이든 예전에 못 느꼈던 감각이나 감정이 아이를 볼 때 느껴진다면 당신은 모성애를 갖고 있는 것입니다. 그저 여러 가지 스트레스로 인한 우울, 불안, 두려움 등에 압도되어 그 감각이나 감정이 오래 유지되지 못하고 심지어 차단되기까지 하는 겁니다. 즉 당신의 모성애가 부족한 게 아니라 더 많은 스트레스 감정들에 덮이는 것뿐입니다.

'생각'의 모성애로도 충분하다

설사 모성애가 부족하거나 아예 없게 느껴지더라도 아이를 키우는
데에는 아무 문제가 없습니다. 감각과 감정의 모성애가 없다면 '생각'의
모성애를 가지면 됩니다. 좀 극단적으로 말해 보면, 누구는 커피를 좋아
하지만 또 누구는 녹차, 또 누구는 맥주를 좋아하듯이 아이를 유난히 좋
아하는 사람도 있지만 아닌 사람도 있기 마련입니다. 저는 친구들에게
농담 삼아 "내 취미는 책 읽기와 아이 키우기야"라고 말한 적이 있습니
다. 그 정도로 저는 아이를 키우는 게 즐겁고 재미있었습니다. 물론 취
미와 특기는 달라서 제가 아이를 '잘' 키웠다고 할 수는 없지만 마음이
실리는 건 특기보다 취미 쪽일 테니 즐겁게 온 마음으로 키운 것은 사
실입니다. 그래서 이런 책을 쓰는지도 모르죠. 하지만 모든 사람이 다
그럴 수는 없습니다. 모성애는 성격이나 인격, 도덕적 문제가 절대로 아
니며 각자의 무의식적인 성장 배경에서 충분히 다를 수 있습니다.

'생각'의 모성애란 무엇일까요? 어른으로서, 생명 존중의 마음으로
최약자인 아이를 안전하게 지켜 내기로 마음먹고 그렇게 하는 겁니다.
출산 경험이 전혀 없는 수녀님들이 아이들을 정성스럽게 키우는 것도
사랑의 기본 바탕인 생명 존중의 마음이 있기에 가능할 것입니다. 수많
은 범죄 중에서도 아동 범죄자를 '천인공노할 반인륜적' 범죄자로 유난
히 배척하는 것은 인류에게 약자를 보호하려는 천성이 있기 때문입니

다. 그 천성대로 아이를 잘 지켜 내면 됩니다. 모성애가 넘쳐 보이는 엄마들이 하는 것처럼 아이를 쪽쪽 빨고 작은 애교 짓에도 눈물을 글썽이는 일은 없다 해도 측은지심을 갖고 아이를 안전하게 지켜 내는 것 또한 깊은 사랑입니다. 감정의 고저를 다스리지 못하고 일방적으로 아이에게 사랑을 퍼붓는 식의 모성애보다 오히려 더 진중한 모성애일 수도 있습니다. 모성애 부분을 요약해 보겠습니다.

첫 번째, 모성애는 천성도 있겠지만 사회적으로 형성된 개념이라는 것을 알도록 합시다. 두 번째, 모성애가 부족한 듯이 느껴져도 지나치게 신경 쓰기보다는 아이에게 가야 하는 사랑의 감정을 막는 다른 스트레스 소인들을 먼저 점검합시다. 세 번째, 자신이 모성애가 없는 사람이라는 생각이 든다 해도 크게 문제 삼지 말고 '생각'의 모성애로 아이를 진심으로 키우면 됩니다.

'엄마'라는 정형화된 모습은 없습니다. 각자의 상황에서 최선을 다하기만 하면 됩니다. 완벽에 갇히지 말고 허울뿐인 모성애 이미지에 묻히지 말고 오늘 하루 아이가 즐겁게 살도록 최대한 여건을 만들어 줄 것, 또 아이가 잘못된 행동을 한다면 아이도 상처받지 않고 엄마 마음도 상하지 않는 방법을 찾아 고쳐줄 것, 이것만 신경 써도 모성은 차고 넘칩니다. 모성애에서 '애'만 가져옵시다. 아이를 사랑하고 자신도 사랑합시다.

4장

마음 약국의 난관,
부부 갈등 처방전

지금까지는 책 제목에 맞게 엄마가 마음 약국을 '어떻게' 운영하면 좋을지에 대해 살펴봤습니다. 4장에서는 엄마 마음 약국을 보다 '잘' 운영하는 데 필요한 것들을 알아보려 합니다.

사실 엄마 마음 약국에는 공유자가 있습니다. 바로 남편입니다. 온몸과 마음으로 사랑하고 영혼까지 교감하며 살고자 했던 존재였으니 세상 누구보다도 엄마의 생각과 감정에 압도적인 영향을 끼칩니다. 엄마가 아무리 본인의 마음 약국을 잘 운용하려 해도 남편과의 관계가 어긋나면 큰 타격을 입습니다. 아니, 타격 정도가 아니라 아예 약국 문을 닫고 싶을 정도로 힘들어집니다. 그러므로 이 공유자와의 관계를 잘 유지하는 것은 마음 약국을 올바르게 관리하는 데 있어서도 정말 중요한 문제입니다.

여기서는 이 문제의 해결을 위한 돌파구를 '애착'의 관점에서 찾아보려 합니다. 애착에 대해서는 대부분 어느 정도 알고 있고 더 이상 새롭게 얘기할 것이 없다고 여길지도 모르겠습니다. 그럼에도 애착을 거론하는 것은 결혼이 '제2의 애착기'이기 때문입니다. 무언가 해 볼 게 있겠다는 희망을 불러일으키는 '제2'라는 표현 그대로, 부부가 '한 방향'에서 '함께' 애착의 문제를 들여다보면 새롭게 성찰해 볼 수 있는 것들이 있으며 이를 토대로 부부 관계를 계속 잘 유지하기 위해, 혹은 이미 문제가 생긴 관계의 회복을 위해 서로 노력할 수 있는 지점을 찾아낼 수 있을 거라고 생각합니다. 엄마 혼자만의 노력이 아닌 부부 공동의 노력에 대해 이야기하는 만큼 다른 어떤 장보다도 시간을 두고 천천히 각자의 부부 생활을 되돌아보며 읽어 보면 좋겠습니다.

부부는
마음 약국을 공유한다

　　마음 약국의 공유자인 남편과의 관계를 잘 유지하는 게 중요하다고 했지만, 말이 쉽지 부부 관계를 잘 유지하는 건 생각보다 굉장히 힘이 들고 그 과정에서 많은 스트레스를 받을 수 있는 일이기도 합니다. 사이좋은 부부가 흔치 않고 그 반대의 경우가 흔해서, 격렬한 싸움을 하지 않는 부부가 다행일 정도입니다. 차라리 부부 싸움이라도 하면 나을 정도로 싸울 관심조차 없는 냉랭한 부부가 더 많습니다. 아마 쌍방이 만족할 만큼 갈등이 해결된 적이 거의 없는 부부가 관계 회복의 끈조차 놓아 버렸을 경우가 많을 것으로 생각됩니다.

　　그런데 부부 갈등을 풀기가 어려운 것은 단순히 서로의 성격 차이 때문만은 아닙니다. 싸울 대상(?)이 지금의 결혼 생활뿐 아니라 각자의 과거력까지 포함되어 있기 때문입니다. 비록 이 과거력이 '무의식적'으로 각자의 정신을 지배하고 있다 해도 말입니다. 부부는 성인기 때 처음 본 그 모습이 다가 아니며 사실은 각자의 과거력을 등에 업은 채 만난 것이라 할 수 있습니다. 그 과거력에는 최소 30년 넘게 영향을 미친 수십 명 이상의 관계자들이 섞여 있습니다. 그러니 오늘 상대방이 맘에 들지 않는다면 상대방의 '오늘'의 잘못된 언행이 주된 원인이겠지만, 과거에서 부터 누적된 깊고 복잡한 원인도 있다는 것입니다. 한쪽이 '과거의 영향'으로 무심코 어떤 잘못된 행동을 하고, 다른 한쪽 또한 '과거의 영향'으로 상대방을 더욱 나쁘게 보게 되는 식입니다. 이 깊은 감정의 뿌리를 지칭하는 개념은 무수히 많지만 저는 '애착'으로 풀어 이야기해 보겠습니다.

우리의 행동과 성격의 토대가 되는 애착

애착이란, 다들 알고 있듯이 자신이 소중히 여기는 사람에 대한 강하고 지속적인 유대감을 의미합니다. 애착 이론에 따르면 애착은 3가지 유형으로 분류됩니다. 부모에게 안정감을 느끼고 긍정적 상호작용을 하는 안정 애착형, 부모와의 상호작용을 별로 원하지 않고 마치 혼자 노는 걸 좋아하는 것으로 보이는 회피 애착형, 부모를 애타게 찾지만 막상 접촉해도 마음의 안정을 찾지 못하는 불안정 애착형으로 나뉩니다.

부부간의 깊은 감정의 뿌리를 애착으로 풀고자 하는 이유는 애착 이론이 서로의 행동을 이해할 수 있는 비교적 쉬운 틀을 제공하고 뚜렷한 이론적 모형을 갖고 있어 심리적 격차를 풀 수 있는 단초를 제공하기 때문입니다. 물론 애착이 부부 관계의 모든 것을 설명하고 해결하는 것은 아니지만 이 측면에서 풀 수 있는 부분이 꽤 많은 것만은 분명합니다.

애착 이론에 따르면, 생애 초기에 형성된 애착 유형은 '내적 작동 모형Internal Working Model'이 되어 이후 삶에서의 모든 대인 관계에 영향을 미칩니다. 내적 작동 모형이라는 용어가 다소 어렵긴 하지만 어렸을 때 특정 대상과 맺어진 관계가 '정신화'되어 커서도 그 영향 아래 놓인다는 뜻으로 보면 됩니다. 초기 애착 관계는 성인이 되어서도 유사한 대인 관계의 모습으로 반복되는, '성인 애착 유형'으로 나타날 가능성이 높습니다.

애착 이론 연구자들은 안정형 유아들은 안정형 성인이 되고, 이들이 부모가 되면 자녀들을 안정형으로 키운다는 사실을 알게 되었습니다. 심지어 엄마의 애착 유형이 성인이 된 그들의 자녀를 거쳐 손주까지 물려지는 '세대 간 전이 현상'도 발견했습니다. 애착이 우리들의 심리와 행동 전반을 지배하고 성격의 중요한 토대가 된다는 점을 알 수 있는 결과입니다.

물론 모든 사람이 단순히 직선적 관계성을 보이는 것은 절대로 아닙니다. 오히려 어떤 사람은 어렸을 때의 불안정 애착에서 경험했던 정서적 고통에서 벗어나고자 자신과 정반대의 사람, 즉 안정 애착을 형성해 줄 만한 사람을 필사적으로 찾아 안정된 결혼 생활을 하는 사람도 있습니다. 하지만 대부분의 사람은 이렇게 의식적으로 자신의 문제를 알고 극복하려고 하기보다는 생애 초기 애착 경험의 영향에 무방비로 휘둘릴 때가 더 많습니다. 아내의 임신 소식을 듣고도 기쁜 표정을 짓지 않아 아내에게 심한 질책을 받은 남자가 알고 보니 어렸을 때 아버지가 가정을 버렸던 일이 있었다든지, 꿈에 그리던 승진을 했음에도 그다지 행복하지 않은 사람이 어렸을 때 부모로부터 한 번도 칭찬을 받은 적이 없었다든지 하는 것처럼요.

심리 치료사들도 예외는 아닙니다. 아니, 그런 경험을 겪었기에 치료사가 된 사람들이 더 많습니다. 존 브래드쇼도 그런 사람 중 한 명입니다. 그가 《상처받은 내면아이 치유》에서 고백한 이야기에 따르면, 휴가지에 가서 아내와 아이들이 잔뜩 겁에 질려 공포에 떨 정도로 불같이 화를 내며 버럭 소리를 지르고는 가족을 그곳에 내버려 둔 채 어느 모텔 방에 혼자 가 있었다는군요. 그는 후회와 죄책감에 둘러싸인 채 자신의 행동을 돌아보다가 자신이 아버지가 돌아가신 다음 해부터 이유를 알 수 없는 화를 반복적으로 냈었음을 깨닫습니다. 이어서 11세 때의 크리스마스 날, 아버지가 술에 취해 늦게 들어와 크리스마스를 망쳤던 일이 기억났다고 합니다. 이후 자신의 분노는 "영혼에 곰팡이가 슬어가는 것처럼 서서히 곪아 갔다"라고 말하며, 늘 주위를 경계하며 조심스럽게 살아왔기 때문에 아주 좋은 사람이라는 평을 받아 왔지만 그날 결국 자신의 본모습이 드러났다고 고백합니다. 그는 이 경험을 "무의식적인 연령 퇴행"이라고 명명했습니다. 또한 그는 상처받았을 때의 감정들을 아이가 그대로 가진 채 성인이 된다면 어른이 된 후에도 내면에 남아 성숙한 행동을 하지 못하게끔 계속해서 지장을 주게 된다는 점을 깨달아 이를 이후 '내면아이 치유'의 개념으로 정립했습니다.

어렸을 때 부모와의 관계가 안정적이고 온정적이지 않으면 브래드 쇼처럼 직접 분노를 표출하거나 반항, 비협조, 우울 등으로 나타나기도 합니다. 혹은 커서 결혼을 하게 될 때 자신의 결핍감을 채우고자 상대방을 지나치게 이상화하거나 반대로 상대방의 어떤 노력도 부질없는 것으로 치부하기도 합니다. 만약 어렸을 때 부모로부터 학대, 유기, 방임 등 심각한 수준으로 적절한 돌봄을 받지 못했다면 그로 인해 성인기에 나타나는 부적응적 모습은 아주 심각한 수준에 이를 수도 있습니다.

그런데 애착이 참 얄궂은 것이, 자신이 완벽한 돌봄을 받았다고 인정하고 감사할 수 있는 사람이 정말 드물다는 것입니다. 부모가 아무리 훌륭해도 아이는 어떤 식으로든 부모가 낯설고 냉정하며 자신을 온전히 사랑하는 것 같지 않다는 느낌을 '반드시' 갖게 됩니다. 그런 느낌이 일어났을 때 '유약한' 아이들이 살아남는 방법은 그 상황의 원인을 자기 탓으로 돌리는 수밖에 없습니다. '내가 잘못해서 부모님이 기분이 나쁜 거야. 모든 게 나 때문이야'라고 생각하며 당시의 감정을 억압하는 것이죠.

하지만 억압된 불편감은 마음속에 쌓이게 됩니다. 무엇보다도, '이 아이'는 잘못이 없고 아이의 정신도 그걸 어느 정도 알고 있기 때문에 억울함, 분노 등의 감정도 섞이게 됩니다. 그렇게 어른이 되면, 브래드 쇼처럼 가정 내 약자들에게 그 감정을 되돌려 주는 악순환이 일어납니다. 물론 일부러 악의를 갖고 행동하는 건 아니지만요. 오죽하면 모든 사람은 '발달 트라우마'를 갖고 있다고 말할 정도입니다. 완벽한 가정과 완벽한 부모 밑에서 성장한다는 게 불가능하므로 부모와의 관계에서 상처를 받는 것은 불가피하며, 이 상처가 각자의 트라우마로 남는다는 뜻입니다. 트라우마란 용어에는 죽을 정도로 고통스러운 아주 센 감정이 내포되어 있는데 그저 아이가 어른으로 발달되어 가는 과정에서도 그런 감정을 겪을 수 있다니 산다는 것의 무게가 새삼 버겁습니다.

애착 연구들에서 평범한 가정에서 자랐음에도 약 3분의 1가량의 아동과 3분의 1가량의 성인이 불안정한 애착 유형으로 밝혀진 것도 이런 배경이 있기 때문입니다. 안정 애착 쪽을 살펴봐도 50% 이내로 나옵니다. 50%의 수치를 액면 그대로 받아들인다면, 부부 중 한 사람만 해당된다는 결론입니다. 다른 사람은 회피형이거나 불안정형일 가능성이 높습니다. 그나마 한쪽이라도 안정형이면 갈등을 조정하기가 한결 쉽지만 둘 다 불안정형이거나 불안정형과 회피형의 조합도 꽤 많습니다. 안정형의 두 사람이 만났다면 이것이야말로 '금수저' 부부라 할 수 있을 것입니다.

왜 지금,
부부 애착인가

    어렸을 때의 환경이 중요하다는 것은 누구나 아는 얘기인데 왜 지금 또 애착을 살펴봐야 하는 걸까요?

    좀 전에 브래드쇼가 자신의 상처가 드러나지 않도록 조심하며 살아왔고 실제로 사람들로부터 늘 좋은 사람이라는 평을 받았지만 결국 한계에 부딪혔다고 말했듯이, 어떻게 보면 우리는 각자의 상처를 감추거나 극복하고자 '가면'을 쓰고 살아왔다고 할 수 있습니다. 그 가면이 의미나 가치가 없다는 게 아니라 마음의 모든 것을 덮어 주지 못한다는 게 문제입니다. 따라서 언젠가는 결국 벗겨지고 민낯이 드러날 수밖에 없는데 그 시점이 하필이면 결혼하고 나서입니다.

    결혼 후 진짜 모습이 튀어나오는 것은 24시간 내내 같이 시간을 보내기 때문이지 않을까요? 연애 시절처럼 몇 시간만 좋은 모습을 보여 주고 각자 집으로 돌아가는 게 아니니까요. 결혼 전에 같이 여행을 간다 해도 기껏 며칠 정도이니 정신만 바짝 차리면(?) 굳이 민낯이 드러날 일이 없습니다. 서로를 배려하는 마음이 바다처럼 넓은 때이기도 하고요. 다른 이유로는, 사랑하는 사람들은 비밀이 없어야 한다거나 세상에서 가장 편한 사이어야 한다는 암묵적 합의하에 아무런 방어 없이 편하게 지내려니 민낯이 드러나기도 합니다. 집에서조차 편하게 있지 못한다면 그 결혼은 안 하느니만 못할 것인데, 보여 주기 싫은 우리의 민낯을 보게 되는 사람이 가장 사랑하는 사람이라니, 말 그대로 '운명의 장난'처럼 느껴지기도 합니다. 진정 사랑하면 결혼하지 말라는 얘기가 나올 만도 합니다.

그런데 운이 좋으면(?) 결혼 후에도 민낯이 드러나는 게 상당 기간 연기될 수 있습니다. 같이 한집에서 살 뿐이지 낮에는 각자 바쁘게 일하고 저녁 몇 시간만 같이 보내면 부딪칠 일이 많지 않을 수 있습니다. 하지만 드디어, 둘 다 본모습을 보일 수밖에 없는 운명의 시간이 다가왔습니다. 바로 아이가 태어난 날입니다.

2장에서 출산과 더불어 '엄마 이전의 삶'은 죽었다고 했습니다. 다시는 그 모습으로 돌아가지 못한다고 했습니다. 이제 다시 말해 보겠습니다. 아이가 태어난 후 '부모 이전의 삶'은 죽었습니다. 다시는 예전 모습으로 돌아가지 못합니다. 하지만 충분한 애도와 정리 시간을 갖지 못한 채 부모가 돼 버리니 예상치 못했던 스트레스가 쫙 펼쳐집니다. 아이를 낳은 후 기쁜 일만 있을 거라고 생각하지는 않았지만 이 정도로 멘탈이 나갈 줄은 몰랐던 우리 뇌를 쥐어박고 싶을 정도입니다. 물론 아이를 보면 행복합니다. 하지만 온 가족이 행복한 어떤 순간을 맞이하기까지, 또 그 순간 외의 일상이 정상으로 돌아가도록 하기 위해 해야 할 산더미 같은 일이 있습니다. 아이에 대한 감정을 빼고 보면, 예전에 없었던 스트레스가 더해지는 것입니다.

이렇게 스트레스가 가중되면 사람들은 무의식적인 연령 퇴행 상태에 빠집니다. 바로 이때, 본인의 어린 시절의 애착 유형이 반복됩니다. 회피형은 모든 상황을 회피하려 하고 불안정형은 불안이 고조됩니다. 배우자가 문제를 해결하고자 노력해도 회피형은 대화를 피하기만 하고 불안정형은 내면의 두려움을 처리하지 못하여 오히려 화를 냅니다. 만약 부부 중 한쪽이 안정형이라면 그래도 끝까지 노력하겠지만 회피형이거나 불안정형이라면 갈등은 점점 고조되어 급기야 이혼 얘기가 나올 지경에 이릅니다.

이제, 육아 스트레스가 심할 때 부부의 애착 유형을 살펴야 하는 이유를 아시겠네요? 결혼 후, 특히 아이의 출생 후에 비로소 본인들의 진짜 모습이 튀어나오기 때문입니다. 이는 아이를 보고 조건 반사적으로 나오는 것도 있습니다. 어린아이를 보면 자신의 어린 시절이 자연스레 연상됩니다. 지금 아이가 행복해하면 '나는 어릴 때 행복했나?' 하는 생각이 들고, 지금 아이가 힘들어하면 '나는 그 나이에 잘 버텼는데'라고 생각하거나 어린 시절이 오버랩 되어 힘들어지기도 합니다. 이런 식으로 부지불식간에 아이와 어린 시절의 자신을 끊임없이 비교하게 됩니다. 자신의 아버지가 냉담한 사람이라 관심받기를 포기하고 자란 사람이 손주(자신의 아이)를 귀여워하는 아버지의 모습을 보고 아이에게 질투심 비슷한 복잡한 감정을 느끼기도 합니다. 마치 아이라는 존재가 묻어 두었던 감정이나 기억을 떠올리게 하는 기폭제가 된다고 할까요.

우리가 자신의 진짜 모습을 감추고 살아왔다 해서 일부러 그런 것은 아닙니다. 감춘 것도 있겠지만 몰라서 드러내지 못한 것도 있고 상대방이 자기 멋대로 본 것도 있습니다.

예를 들어 한 의사는 소개팅에서 만난 여성이 매우 마음에 들었습니다. 외모도 자신의 이상형이었을 뿐 아니라 무엇보다도 공부도 많이 하고 잘 사는 집안의 여성이었음에도 겸손하고 배려심이 높아 보였습니다. 또한 그가 직장에서 만나는 다른 여성들과 달리 수더분한 모습까지 있어 큰 매력을 느끼며 바로 결혼을 결심했습니다. 하지만 결혼하자마자 이 여성이 대단히 의존적이라는 것을 알게 되었습니다. 수더분하고 겸손해 보였던 모습은 사실은 의존성에서 비롯된 것이었습니다. 하지만 이 여성이 자신의 진짜 모습을 보이지 않았던 건 아닙니다. 오히려 '수

더분하고 겸손해 보이는' 모습으로 자신의 의존성을 이미 드러내고 있었습니다. 상대방이 이것을 자기 좋을 대로 '잘못' 해석했을 뿐입니다.

자신이 상대방에게서 '잘못 보았던' 모습이 깨질 때 얼마나 황당한 행동들을 하는지 상담실에서 매일 듣게 됩니다. 너무도 '자상한' 선배와 결혼했던 여성은 신혼여행 후 집에 들어오자마자 남편이 양말을 아무 데나 벗어 놓는 '자상하지 않은' 행동을 하자 "자신을 속였다"라며 심하게 화를 냈습니다. 자신이 상대방을 자상하게 '보았고' 그게 아니라는 사실이 드러난 것인데 왜 배신감을 느낄까요. 상대방이 "나는 확실히 자상한 사람이야. 맹세해"라고 얘기했다면 몰라도요. 사실은 '자신의 눈을 찍고 싶을 정도로' '아차!' 하는 후회감이 들었던 것이지만 혼란스럽기도 하고 자존심도 상하니 상대방의 탓으로 돌리게 된 겁니다.

결혼 상대자로 자상한 사람을 골랐다면 자상한 아버지 밑에서 자라 자연스럽게 그런 사람을 찾게 되었거나 반대로, 아버지가 자상하지 못했기 때문에 자기 인생만큼은 자상한 사람과 살고 싶었을 겁니다. 상담실에서 보면 후자의 경우가 훨씬 많은데, 이들은 이미 아버지에게 좋지 않은 감정을 갖고 있었겠죠. 그래서 파트너에게 그것을 채우고자 했지만 '배신'당하게 되면 아버지에 대한 과거의 감정까지 고구마 줄기처럼 칭칭 묶여 올라오게 됩니다. 남편은 남편대로, 고작 양말 한 번 아무 데나 놓았을 뿐인데 아내가 호랑이처럼 성을 내니 화가 날 수밖에 없습니다.

이런 얘기는 사실 끝이 없습니다. 남편이 왜 결혼 후 양말을 아무 데나 놓아서 아내를 자상하게 배려하지 못했는지에 대해서도 한 보따리의 설명이 가능하겠지요. 아내가 왜 그렇게 양말 때문에 마음이 상했는지도요. 요점은, 부부의 행동에는 너무도 많은 각자의 역사가 깔려 있다는 사실입니다. 안타까운 것은, 그 역사가 그렇게 장황함에도 서로가 1절이라도 귀 기울여 보려 하지 않고 극도로 감정적으로만 대응한다는 겁니다. 안정형 애착자라면 그래도 대화를 시도해서 상대방과 본인이 왜 그런 언행을 했는지 이해해 볼 수 있습니다. 하지만 대부분은 회피하거나 난장판을 만드는 바람에 서로를 이해할 기회가 끝내 오지 않습니다.

회피형이나 불안정형 부부는 마음이 불편할 때 첫마디가 이렇게 시작됩니다. "양말을 아무 데나 벗어 놓다니, 생각이 있어?" 그다음에는 어떤 말들이 오갈까요?

"피곤하면 그럴 수도 있지. 와, 열 받네!"
"나는 안 피곤해? 하루 종일 애 키우랴, 집안일 하랴 힘들었는데 다 큰 당신 뒷바라지까지 해야 하냐?"
"고깟 양말 쪼가리 좀 치우는 게 뒷바라지냐? 말로만 사랑, 사랑 얘기하지 말고 몸으로 좀 보여 줘라."

"당신은 왜 안 보여 주는데? 이러려고 나랑 결혼했냐?"

"뭘 더 보여 줘? 하루 종일 돈 버는데 양말까지 치워야 하냐? 내 집에서 양말 하나 마음대로 못 놔둬? 치우지 말고 놔둬!"

"그러다가 애가 돌아다니다가 그 더러운 걸 입에 넣기라도 하면?"

"더러워? 그러는 넌 얼마나 깨끗해서?"

안정형 부부라면 와인이라도 마시면서 좀 다르게 얘기를 나눠 볼 것입니다.

"당신이 양말을 아무 데나 놓아서 속상해."

"뭐? 그게 속상하다고? 왜?"

"당신이 나를 배려하지 않는 것 같아서 말이야. 결국 그 양말은 내가 치워야 하잖아."

"아, 그게 그렇게 되나? 습관적으로 나도 모르게 그랬네. 생각해 보니 내가 원래 양말을 아무 데나 벗어 놓긴 해. 신혼여행 중에는 샌들만 신고 다니느라 당신이 몰랐겠지. 하지만 당신을 배려하지 않는다는 건 말도 안 돼. 앞으로 조심하겠지만 그래도 예전 버릇이 나오면 알려 줘. 그런데 말이야, 당신이 양말에 왜 그렇게 민감하게 된 건지 얘기 좀 해 줄래?"

최소한 이런 식의 대화도 시도하지 않게 되는 것은 '양말 따위'로 불만을 드러내는 게 몹시 좀스럽게 여겨지거나 상대방이 '의도적으로' 자신을 힘들게 하기 위해 그런 행동을 한 것이라 지레짐작하기 때문입니다. 신중에 신중을 기해 반려자로 선택한 만큼 상대방의 모든 언행에 진심이 깃들었다고 보기 때문인데요, 그러니 양말을 아무 데나 벗는 것도 진심, 자신을 배려하지 않는 것도 진심, 심지어 자상한 사람으로 속인 것도 진심이라고 믿게 됩니다. 상대방, 즉 인간이 그저 아무 생각 없이, 때로는 멍청하게 행동한다는 사실은 안중에도 없습니다.

파트너의 언행이 마음에 들지 않을 때를 대비하여(꼭 일어나는 일이니 반드시 대비해야 합니다.) 아래 사항을 기억해 두면 좋겠습니다. 특히 이 부분은 막 결혼한 부부에게 더욱 중요합니다. 아직 쌓인 것이 많이 없을 때 서로 갈등 상황에서 어떻게 행동할지에 대해 미리 얘기해 보고, 아래와 같은 3가지 해결책을 유념한다면 불필요한 갈등을 막을 수 있을 것입니다.

1) 우리는 스트레스를 받으면 자신도 모르게 어렸을 때의 애착 행동이 재발될 수 있다. 서로 그것을 지적하고 도망가지 않고 대화로 풀도록 노력한다.
2) 상대방이 예상외의 행동을 해도 놀라지 않으며 충격받지 않는다. 실망은 더더욱 하지 않는다. 덤덤하게 그런 행동을 지적해 주고 각자의 감정을 얘기하면서 보다 나은 관계를 유지할 수 있는 방법을 찾는다.

3) 상대방에게 '당신 탓'이라고 말하기보다 '당신의 행동'으로 인해 '내가' 힘들므로 도와 달라고 말한다.

오늘 서로의 배우자와 이런 이야기를 나눠 보면 어떨까요?

애착의 시각에서
바라본 부부

커플 간 차이를 이해할 수 있는 틀은 많습니다. 각자의 다른 시각 차이를 이해하는 데 아주 인기 있었던 것으로 MBTI 검사와 관계 상담 전문가 존 그레이^{John Gray}의 《화성에서 온 남자 금성에서 온 여자》라는 책이 있습니다. MBTI 검사는 지금도 인기가 대단하며 건성으로라도 안 해 본 사람이 거의 없을 정도로 유명합니다. 이를테면 검사를 통해 '왕T(사고형)'인 '나'와 '극단적F(감정형)'인 '너'가 매사에 다르게 생각하고 행동한다는 것을 알게 되면, 좀 과장해서 말하면 '커플 쇼크'를 받을 정도입니다. 《화성에서 온 남자 금성에서 온 여자》는 1990년대 초반에 첫 출간된 후 전 세계 커플들이 '화성 남자, 금성 여자'로 소통할 정도로 화제였습니다. 책에 나오는 남녀의 차이가 각자의 상황에 다 맞진 않더라도 최소한 1개 이상은 해당될 것입니다. 그 1개만으로도 '와

엄마 마음 약국   **150**

우, 어쩜 이럴 수가. 저 사람이 이런 생각을 하다니, 나 참 기가 막혀서…'라고 생각될 정도입니다.

다만, '차이를 부각시키는' 이런 시각들은 초반에는 상대방을 이해하도록 도와주지만 결국 간극을 좁히지 못한 채 지쳐 버리는 바람에 시큰둥해진다는 단점이 있습니다. 여성들은 결국 이렇게들 말합니다. "아니, 왜 화성에서 왔대? 여긴 지구라고. 처음부터 오질 말든가." 남성들도 "이럴 거면 금성으로 다시 돌아가든지"라고 말하고요. 이런 성격 검사나 책이 애초에 목표했던 것과 달리, 커플들은 자신이 이해받는 건 포기하고 상대방의 문제는 무조건 수용하라고 강요당하는 느낌을 받을 수 있습니다.

반면 애착의 시각에서 부부 관계를 들여다보면, 차이도 보이지만 둘 다 성장기 환경의 피해자(?)였다는 공통점이 부각되기 때문에 자기 연민과 타자 이해가 동시에 일어나 마음이 좀 더 열립니다. 발달 트라우마가 없는 사람은 거의 없습니다. 그런 두 사람이 결혼하여 아주 가깝게 지내다 보면 각자의 트라우마의 흔적을 볼 수밖에 없습니다. 하지만 본인들의 잘못이 아니며 그저 성장하면서 불가피하게 형성된 상처와 결함이니 조금은 다른 마음이 생깁니다.

상대방뿐 아니라 '나'의 결함까지도 어쩔 수 없이 필연적으로 깔려 있는 이 사랑을 지켜 내려면 상식적인 배려는 너무도 중요하며 '그럼에도 사랑해 볼게'라는 마음을 가져볼 수밖에 없겠다 싶습니다. 그러기 위해서는 상대방의 문제에 진저리 치며 '멀리'할 것이 아니라 속상하더라도 오히려 '가까이서' 정확하게 들여다볼 필요가 있습니다. 가까이서 살펴봐야 내가 품을 수 있는 정도인지 나의 역량을 초과하는 문제인지 판단이 설 테니까요. 전자라면 이 책을 통해 도움을 받을 수 있는 부분이 있을 것이고 후자라면 심리 상담을 받아서라도 해결해야 할 것입니다.

부부의 애착 유형 찾기

이제, 사랑으로 맺어진 부부의 초심을 끈질기게 와해시키려 하는 각자의 애착 문제를 좀 더 자세히 살펴보기 위해 부부의 애착 유형을 찾아보겠습니다. 정확한 평가는 전문 심리 검사를 통해 가능하겠지만 여러분들도 쉽게 접근해 볼 수 있는 몇 가지 방법을 소개하고 애착 유형에 따른 부부의 모습도 간략하게 설명해 보겠습니다.

1) 자신의 애착 유형 짚어 보기

이 방법은 '직관적'으로 애착 유형을 살펴보는 것입니다. 당신의 모습이 아래 3가지 유형 중 어디에 가까운지 떠올려 보세요.

a. 다른 사람에게 가까이 다가가고 의지하며 다른 사람이 나에게 의지하는 것도 편안하다.

b. 다른 사람이 좋으면서도 가까워지는 것을 꺼리거나 완벽한 관계에 집착하는 나머지 오히려 거리를 둔다. 파트너가 나를 정말로 사랑하지 않을까 봐 종종 걱정한다.

c. 다른 사람과 가까워지는 것이 불편할 때가 있고 타인을 완전히 신뢰하는 것이 어렵다.

'a'라면 안정 애착, 'b'라면 불안정 애착(양가 애착), 'c'라면 회피 애착일 가능성이 높습니다.

2) 부부의 심리 상태 떠올려 보기

영국의 심리학자 K. 바솔로뮤^{Kim Bartholomew}와 레너드 호로위츠^{Leonard Horowitz}의 '내적 작동 모형'을 이해하기 쉽게 수정한 아래 그림은 간단하면서도 비교적 정확하게 나와 상대방의 관계 양상을 파악하게 해 줍니다. 먼저 상대에 대해 긍정적으로 생각하는지 부정적으로 생각하는지 떠올려 보세요. 그다음 자신에 대해서도 떠올려 보세요. 타인과 자신의 평가가 긍정적, 혹은 부정적으로 딱 내려지는 게 아니므로 심리 상태를 정확하게 알기는 힘들더라도 상대방과의 대략적인 관계도는 그려질 것입니다.

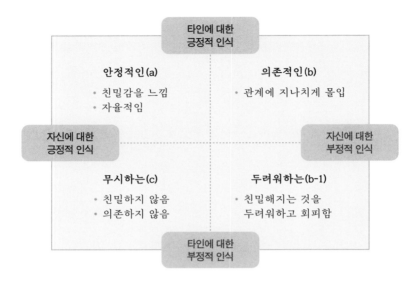

타인에 대한 평가를 '회피도'로 바꾸어 생각해도 좋습니다. 상대방을 회피하지 않으면 긍정적으로, 많이 회피하면 부정적으로 보면 됩니다. 사실 긍정적, 부정적이라는 것도 상당히 주관적인 특성인데요. 절대적으로 긍정적이거나 부정적인 사람은 없으며 연속성의 차원에서 '긍정적인 쪽', '부정적인 쪽'으로 생각하면 되겠습니다.

위의 모형에서 'a', 'b', 'c'는 각각 '안정 애착', '불안정 애착', '회피 애착'으로 볼 수 있습니다.

3) 질문지를 통해 평가해 보기

정식 '애착 검사'를 사용하면 더 객관적인 평가가 가능합니다. 시중에서 판매하는 검사를 사용해도 좋고 심리 상담실에서는 질문지와 면접을 같이 하여 가장 정확한 결과를 안내하므로 특히 추천합니다. 애착 관련 책들에서 볼 수 있는 '애착 유형 자가 체크 리스트'를 사용해 보는 것도 좋습니다. 어떤 검사를 사용해도 결과는 유사하게 나오므로 편하게 접할 수 있는 검사를 사용하면 됩니다.

제가 아미르 레빈Amir Levine과 레이첼 헬러Rachel Heller가 만든 체크 리스트를 실시해 보니, 예상한 대로 결과가 안정형으로 나오긴 했지만 회피형도 생각보다 점수가 높았습니다. 이 일을 계기로 제 삶을 돌이켜보니 강력한 스트레스 상황에서는 회피를 많이 해 왔다는 생각이 들더군요. 이를테면 관계가 조금이라도 어긋날 것 같으면 '됐어, 무슨 의미가 있겠어? 아예 관두는 게 낫겠다'라고 생각한 적이 많았습니다. 한편으로는 친구들로부터 "뭘 그렇게 진지하게 받아들여?"라는 말을 간혹 들은 적이 있는데 그나마 회피라도 해서 숨을 좀 돌린 부분도 있지 않았나, 혹은 회피 성향이 있다 보니 직면해야 하는 상황에서는 더욱 진지하게 몰입한 게 아닌가 하는 생각도 들더군요. '회피형이어서 큰일 났다', '불안정형이어서 대책 없다'라고 단정 짓지 말고 자신과 배우자의 삶을 돌아보는 용도로 사용한다면 재미도 있을 겁니다. 질문지를 통한 객관적 평가는 확실히 직관형 평가에 비해 좀 더 깊은 수준의 자기 탐색을 가능하게 합니다.

4) 부모의 모습을 통해 파악하기

앞의 3가지 방법보다 정확도는 좀 떨어지지만 우리가 어렸을 때 부모의 모습을 떠올리면 애착 유형을 파악하는 데 도움이 됩니다.

부모가 대체로 여러분에게 민감하면서도 편하게 대해 주고 일관성이 있었으며 개방적인 분위기에서 자유롭게 탐색하도록 도와주었다면 안정형으로 자랐을 가능성이 높습니다. 반면, 여러분의 행동에 반응이 별로 없고 일관성 없이 때로 무섭게 대했다면 불안정형, 여러분의 요구는 대부분 거부하면서도 때로 지나치게 간섭하고 통제했다면 회피형으로 자랐을 가능성이 있습니다.

다만, 이 방법을 사용할 때는 부모에게 분노 감정이 향하는 것을 주의해야 합니다. '내가' 그렇게 부모를 평가하는 것이지 실제로 그랬는지는 확실하지 않으니까요. 설사 부모가 실제로 그랬다 해도 부모 또한 당신들의 부모와 안정 애착이 되지 않아 그랬을 가능성이 높으니 비난의 화살을 꽂을 데가 마땅치 않습니다.

애착이 '제2의 유전자'로 불릴 정도로 우리의 성격과 행동에 강력한 영향을 미치는 건 사실이지만 반대 입장도 많기 때문에 절대적인 의미를 부여하지 않는 게 중요합니다. 어렸을 때 힘들게 컸다고 해서 모두 정신 질환을 겪는 것도 아니고 반대로 어렸을 때 행복하게 살았다고 행복한 인생이 보장되는 건 아니니까요. 유명한 발달 심리학자 제롬 캐건_{Jerome Kagan}은 애착의 영향이 20%밖에 안 된다고 말했고 긍정주의 심리학의 창시자로서 긍정적 태도를 후천적으로 개발할 수 있다고 주장한 마틴 셀리그만_{Martin E. P. Seligman} 또한 어린 시절의 경험이 과대평가되고 있다고 말한 적이 있습니다. 누군가를 탓하려는 게 아니라 그저 어린 시절에 겪었던 심리적 문제를 다시 살펴볼 디딤돌 정도로 삼아 애착을 들여다봅시다.

결혼은
제2의 애착기

　　당신과 파트너의 애착 유형을 알았다면 두 사람이 평소 어떤 모습을 주로 보이는지 한번 생각해 보세요. 우선 좀 더 안 좋은 쪽부터 살펴보겠습니다.

1) 둘 다 회피형

갈등 해결을 위한 노력을 거의 하지 않기 때문에 관계가 점점 더 멀어질 수 있습니다. 직접적인 싸움은 드물지만 상당히 냉랭한 관계를 보이고 결국에는 타인처럼 지낼 수 있습니다.

2) 둘 다 불안정형

집안 분위기 또한 매우 불안정하여 먹고 자는 것 같은 기본적인 생활조차 힘들 수 있습니다. 내면의 불안을 음주, 외도 등으로 표출함으로써 관계가 더욱 악화될 수 있습니다.

3) 불안정형과 회피형

불안정형은 공격하거나 무조건적으로 의존하고 회피형은 도망가는 모습을 보임으로써 갈등이 좁혀지지 않습니다.

이상의 3가지 유형에 속한다면 현재 결혼 생활이 상당히 힘들 수 있습니다. 그렇다 해서 서로의 인격적 결함이나 참을성 부족 문제로만 보아서는 안 됩니다. 어쨌든 마음이 맞아 결혼까지 하게 되었다면 심각한 성격상의 문제라기보다는 대화하는 법을 잘 몰라서 그럴 가능성이 높습니다. 어렸을 때 애착 유형이 회피형이나 불안정형이었던 사람은 갈등이 생겼을 때 대화를 통해 해결할 수 있다는 것을 경험한 적도, 배운 적도 없습니다. 연애 때는 다툼이 많지 않아 그럭저럭 넘어갈 수 있었지만 결혼 후에는 다툼이 잦아지므로 밑천(?)이 드러나는 것입니다. 따라서 이런 조합의 부부라면 갈등을 해결하는 데 한계가 있기 때문에 전문가와의 상담을 통해 대화하는 법을 배워야 합니다.

하지만 대개는 위의 3가지 유형에 속하기보다는 한쪽이라도 안정형인 쪽이 더 많습니다. 따라서 보통 부부들은 아래 2가지 유형의 모습을 더 많이 보일 것입니다.

4) 안정형과 불안정형

불안정형이 안정형에게 많이 의지하지만 안정형이 일관성 있는 태도로 받아 주기 때문에 안정적인 관계를 만들어 갈 수 있습니다. 다만, 안정형이 컨디션이 나쁠 때 불안정형의 요구에 즉각 반응하지 못하는 경우가 있을 수 있습니다. 이럴 경우 불안정형은 불안한 모습을 보일 수 있고 그에 따라 안정형도 피로감을 느낄 수 있으므로 조율이 필요합니다.

5) 안정형과 회피형

겉보기에는 큰 문제가 없어 보일 수 있습니다. 하지만 안정형이 아무리 '안정적으로' 관계를 이끌어 가려 해도 회피형이 관계에 직면하려 하지 않으려는 경향이 있어서 외로움을 느낄 수 있습니다. 안정형이 인내심을 갖고 회피형의 장점을 칭찬하고 좋은 감정을 보이면 결국 회피형도 조금씩 마음을 열게 되지만 안정형이 일방적으로 희생하는 듯한 기분을 느낄 수 있으므로 주의가 필요합니다.

마지막으로 안정형과 안정형의 만남이 있겠네요. 이런 커플이라고 갈등이 없을 수는 없겠지만 굉장히 지혜롭고 세련되게 해결할 것은 분명합니다. 여기까지 쓰다 보니 안정형은 그야말로 무결점의 사람이라고 여겨질지 모르겠지만, 정서적으로 좀 냉정하고 둔감해 보인다든지, 무조건 좋게 넘어가려 하면서 공감을 잘 못해 준다든지, 다른 사람의 문제를 대수롭지 않게 보면서 자기중심적인 모습을 보인다든지, 오만해 보이거나 지루해 보인다는 단점도 분명히 있습니다. 다만 안정형은 다른 어떤 유형보다 갈등을 해결하는 데 탁월한 능력을 보이는 건 사실입니다.

애착의 관점에서만 보면 결혼 상대는 기필코 안정형을 찾아야 할 듯합니다. 가끔 인터넷에서 '남자 친구가 회피형인 것 같아요'라는 고민을 올리는 사례를 볼 수 있듯이 일반인들도 애착 유형에 대해 어느 정도 알고 자신에게 버거운 유형의 사람은 피하려고 하는 것 같습니다. 하지만 앞에서 안정형 애착자가 50% 정도라고 했으니 그런 확률 안에 드는 사람을 만나기도 쉽지 않거니와 설사 만난다 해도 큰 매력을 느끼지 못하는 사람도 많습니다. 소위 '결혼 감으로는 100점, 연애 감으로는 0점'이란 표현대로, 안정적이지 않은 '나쁜 남녀'에게는 매력을 느끼지만, 오히려 '안정형 남녀'에게는 불꽃이 튀거나 마음이 끌리지 않는다는 것 같습니다.

안정형 애착자를 찾기 어려운 가장 큰 이유는, 불안정형이든 회피형이든 연애 때는 안정형으로 보이려고 기를 쓰거나 상대방이 '눈이 멀어' 그렇게 '보기' 때문에 굳이 다른 데서 찾을 필요를 느끼지 못하기 때문입니다. 그때는 참 마음 넓게 서로를 품어 주지요.

그렇게 '엎질러진 물'의 상태가 됩니다. 결혼 후 정신을 차려 보니

'이 사람'이 안정형이 아니네요. 하지만 우리에게는 다시 기회가 있습니다. 결혼은 제2의 애착이니까요. 연애할 때 우리는 일시적으로 퇴행합니다. 혀 짧은 소리를 내며 애교를 부리는 게 5세 때의 모습이 따로 없습니다. 여성은 일시적으로 여아가 되어 남성에게 '아빠'의 보호와 애정을 기대하고, 남성도 일시적으로 남아가 되어 여성에게 '엄마'의 보살핌과 사랑을 기대합니다. 새롭게 애착을 형성하기에 아주 좋은 심리 상태입니다. 그러니 그런 퇴행된 마음이 하루아침에 철퇴를 맞으면 충격이 이만저만이 아니겠죠. 부부 싸움이 일어났을 때 대부분 단순한 갈등 정도로 봉합하지 못하는 이유가 이 때문입니다. 분명 아무도 일부러 상대방에게 상처를 주지 않았는데 어느 날부터 손발에 힘이 다 빠지고 속에서 신물이 올라옵니다.

첫 번째 애착이 실패했어도
두 번째 애착은 성공할 수 있다

자, 좌절은 그만하고 이 기회를 잘 살려 제2의 애착을 성공해 봅시다. 첫 번째 애착이 실패했어도 두 번째 애착은 성공할 수 있습니다. 방법은 2장의 '힘들다고 말하라'에서 설명한 것과 동일합니다. 첫 번째 애착은 '내가' 절대 약자였기에 다른 사람(부모)이 전적으로 해 줘야 했지만 두 번째 애착은 '나'와 '너'가 동등한 입장에서 해내야 합니다. 즉 두 번째 애착 형성은 아이 때처럼 가만히 앉아서만 되는 게 아니라 적극적으로 대화하면서 도움을 주고받아야 성공합니다. 2장에서 설명한 말하는 방법을 숙지했다 해도 말을 하고 싶은 마음이 생기지 않거나 그럴 분위기가 아니라면 소용이 없습니다. 이럴 때에는 애착 문제 때문인지 아닌지 생각해 보고 거기에서부터 대화의 물꼬를 트면 해결의 길이 보일 것입니다. 가장 좋은 건 결혼 전이나 직후에 각자의 애착 유형을 이해하고 앞으로 갈등이 생길 때 어떤 점을 주의해야 하는지 미리 '대화의 원칙'을 세워 놓는 것입니다. 그렇게 해 두면 불가피한 갈등이 생겼을 때 훨씬 쉽게 헤쳐 나갈 수 있을 것입니다.

부부가 애착을 이해하고 있다면 앞으로 갈등이 생겼을 때 이렇게 말해 보세요. "지금 나한테 화가 난 거야, 당신 인생에 화가 난 거야?" 혹은 이렇게 생각해 보세요. '지금 이 사람한테 화가 난 건가, 과거의 내 상처가 튀어나오고 있는 건가?' 하지만, 뭐니 뭐니 해도 제1의 대화의 원칙은 '도망가지 않고 끝까지 대화하기'입니다.

아무렇게나 말을 뱉는 것은 여기서 말하는 '말하기'가 아닙니다. 2장에서 '비폭력대화'를 빌려 잠깐 언급하기는 했지만, 말하기를 잘하려면 상대의 기분을 살피고 이해했음을 알리고 하고 싶은 말을 정확하게 '표현'하고 '요청'해야 합니다. 앞에서 보았던 '양말 사건'을 다시 들여다봅시다. 앞의 대화는 대화라기보다는 그저 화를 낼 뿐입니다. 양말을 아무데나 벗어 놓는다고 '화내고' 그것에 열 받는다고 '화내고' 이어서 '누가화를 더 잘 내나?' 내기라도 하듯이 계속 서로 화만 냅니다. 반면 뒤의대화는 속상하다고 '말하고' 왜 속상한지 '묻고' 상대의 말에 공감을 '표현'하면서 '설명'하고 다시 '묻고' '요청'합니다. 이런 식의 대화 패턴을새겨 놓으면 웬만한 갈등은 대부분 해결할 수 있습니다. 부부는 비즈니스 관계가 아니라 애초에 사랑으로 맺어진 관계이기 때문에 표면에 덮인 얼음만 깨면 다시 맛있는 감주를 먹을 수 있습니다.

가장 중요한 것은 제1의 대화의 원칙으로 제시했듯이, '결코 도망가지 않고 이 문제를 해결하겠다'라는 의지입니다. 이는 특히 회피형에게중요한데요. 평생을 회피만 하며 살아왔을 테니 이번만큼은 온전히 직면하기로 마음먹어 보시죠. 앞서 말하기의 중요성을 언급하면서 잘 말하기 위해서는 심리적 안전지대가 있어야 한다고 했는데 부부에게 심리적 안전지대는 오로지 부부밖에 없습니다. 결혼으로 독립했으니 부모를 안전지대로 삼는 것도 미숙한 모습이고 배우자 외의 사람을 안전지대로 삼을 수도 없을 테니까요.

아우슈비츠 수용소에서 살아남은 후 '로고테라피'라는 정신의학 이론을 만든 빅터 프랭클 Viktor Emil Frankl 은 곁에서 아내가 사랑과 격려의 말을 해 준다고 매일 상상하면서 가혹한 시련을 견뎌 냈다고 합니다. 그에게는 배우자가 확실한 안전지대였던 것 같습니다. 눈물겹도록 아름다울 뿐 아니라 생명을 구한 진짜 안전지대, 우리라고 못 가질 이유는 없습니다.

이제 두 번째 애착의 성공을 위해 각 유형에 따른 주의점을 살펴보겠습니다.

1) 갈등 해결 방식

불안정형이나 회피형은 갈등 상황을 간결하고 선명하게 해결해 본 경험이 적기 때문에 그런 식으로 대화하며 문제를 풀려는 안정형을 오히려 성의 없다고 오해하곤 합니다. 파트너가 안정형이 확실하다면 이 부분에서만큼은 절대적으로 상대방을 믿고 따라가야 합니다. 안정형에게 대화하는 법을 배운다고 생각하세요.

2) 대화 방식

회피형은 말이 짧은 반면, 불안정형은 감정이 복잡하다 보니 상당히 오래 대화하고 싶어 하는데요, 연애 때라면 몰라도 결혼 후 아이가 생겼다면 생활 전선에 뛰어들어야 하니 한 달에 한 번 정도만 오래 얘기하고 보통 때는 쿨하게 넘기는 훈련을 해야 에너지가 소진되지 않습니다. 또 그렇게 해야 상대방도 지속적으로 당신의 말에 귀를 기울일 것이고요. 또한 불안정형은 상대가 충분한 관심을 주었는데도 부족하다고 느낄 수 있는데 상대방이 어느 정도 노력했으면 그 수위를 자꾸 높이지 말고 "이만하면 됐다, 오늘은 여기까지"라고 스스로에게 말하고 다른 몰입 거리를 찾기 바랍니다.

3) 사랑을 표현하는 방식

회피형은 애정을 제대로 표현하지 못할 때가 많습니다. 상대에게 애착을 덜 갖는 편이 상처를 빨리 잊고 생존에도 도움이 된다고 생각하면서 커서 그렇습니다. 하지만 속으로는 누구보다도 애정과 관심을 원하고 있습니다. 회피형뿐만 아니라 모든 인간은 결국 2가지의 문제가 가장 중요하지 않을까요? 하나는 '나는 어떤 사람인가'이고 또 다른 하나는 '나는 다른 사람과 얼마나 행복한 관계를 맺고 있나'입니다. 사람으로서 바라고 원하는 건 다 똑같은데, 즉 결국 바라는 것은 사랑해 달라는 것이니 상처 때문에 본심을 억누르게 되었음을 하루빨리 인정해야 합니다.

반면, 회피형이 이런 마음가짐을 갖는다 해도 상대방은 끈기 있게 기다려 주어야 합니다. 회피형이 충분히 마음의 준비가 될 때까지는 그만의 공간과 시간이 있어야 함을 인정해 주기 바랍니다. 회피형에게는 본론만 짧게 말하고 얼른 개인적 공간으로 들여보내 주는 게 좋습니다.

좀 다른 얘기지만, 회피형은 원룸 같은 공간에서 함께 산다는 게 굉장한 고역이 될 수 있습니다. 반면 불안정형은 원룸에서 밀접하게 지내도 큰 불편함이 없을 것이고요. 집을 구하는 것 같은 비 감정적인(?) 문제에서조차도 유형별로 행복감과 편안함이 엇갈린다는 것을 알아야 합니다. 회피형이 자신만의 공간에서 책을 읽거나 영화를 볼 수 있는 여건이 되었다면 그걸 당연하게 여기지 말고 배우자에게 고마움을 표현하고 가사의 한 부분을 책임진 후여야 한다는 것은 굳이 말하지 않겠습니다.

불안정형은 끊임없이 사랑을 확인하고자 합니다. 항상 타인의 반응에 신경을 곤두세우고 있기 때문에 자신의 감정을 잘 모를 때도 많습니다. 그러니 상대방의 관심과 애정의 표현을 어느 정도 받았다면 독립적인 정체성을 갖도록 노력해야 합니다. 안정형은 불안정형 파트너가 "나 사랑해?"라고 물으면 '100번'을 물어도 '100번' 그렇다고 말해 주세요. 유치해 보이는 대화지만 불안정형은 직접 확인을 해야 안심하고 그다음에는 또 신나게 삽니다. 불안정형의 감정은 마치 변비처럼 뭉쳐 있어서 이를 해결하지 않으면 계속 불편한 상태에 있으므로 빨리 해소하도록 도와주는 게 더 낫습니다. 불안정형은 자신의 존재 가치만 인정되면 회피형처럼 고집을 부리지 않아 오히려 관계를 유지하기 쉬운 면이 있습니다.

고집 얘기가 나온 김에, 회피형은 차라리 자신의 모습을 인정해서 육아 문제는 배우자에게 일임하는 것이 좋습니다. 회피형은 대부분 가정

대소사에 소극적으로 임하기 때문에 보통 배우자가 다 주관을 하게 되는데, 느닷없이 학원에 잘 다니고 있던 아이에게 브레이크를 건다든지 가족 모임에서 이미 결정된 사항에 대해 뒤늦게 화를 내며 자신의 생각을 고집부릴 때가 있습니다. 대체로 회피하다가 한 번씩 자신의 존재감을 드러내려는 것인데요. 결과는 부부 싸움으로 끝나곤 합니다.

이 외에도 주의점이 많지만 원칙은 부부간에 모든 것을 공유해야 한다는 건 비합리적인 신념이라는 것, 상대방의 모습을 부정적으로만 평가하면 안 된다는 것, 각자의 특성을 벗어나는 무리한 요구를 하면 안 된다는 것, 어느 누구도 희생이 되어서는 안 된다는 것으로 요약해 볼 수 있겠습니다. '각자의 특성을 벗어나는 무리한 요구'에 대해 예를 들어 본다면, 회피형 남편을 둔 심리학과 선배가 "회피형은 결혼식장에 들어오고 애까지 낳았으면 할 일 다했다고 봐야 한다"라고 말한 적이 있는데 그런 회피형에게 '결혼했으므로' 갑자기 친근하게 굴라고 요구하면 무리가 오기 시작합니다. 회피형은 대인 관계는 회피하지만 일은 잘해내는데, 잘하는 면을 칭찬하면서 평화롭게 가는 게 가장 현명한 공존 방법인 것 같습니다. 회피형과 결혼하려면 혼자서도 잘 지낼 자신이 있어야 한다는 말도 새겨들을 내용입니다.

새로 쓰는
가족 이야기

어렸을 때 애착에 실패했거나, 실패까지는 아니라도 상처를 입으면서 성장하여 만난 우리들의 애달픈 사랑은 얼마든지 해피 엔딩으로 끝낼 수 있습니다. 그때는 어렸지만 지금은 어른이어서 그렇습니다. 그때는 상황을 객관적으로 볼 수 없었고 감정을 표현할 수도 없었지만 이제는 그게 다 가능하기 때문에 누가 상처를 주더라도 외상으로까지는 가지 않도록 맞설 수 있어서 그렇습니다.

아이 때는 말을 잘할 수 없었지만 어른이 되면 잘할 수 있습니다. 여기서 말이란 입으로 하는 말뿐 아니라 모든 '언어화'를 뜻합니다. 아이는 먼저 일어나고, 앉고, 걸은 후에 말문이 터집니다. 또한 감정을 담당하는 우반구가 먼저 발달하고 언어를 담당하는 좌반구가 나중에 발달합니다. 예를 들어 어느 날 엄마가 화를 냈습니다. 아이는 감정을 이미 느낄 수 있기 때문에 무언가 좋지 않은 일이 생겼음을 본능적으로 압니다. 하지만 왜 엄마가 화가 났는지, 지금 이 상황이 어떤 상황인지 '언어화'하지 못합니다. 그래서 정확하게 기억도 못합니다. 유아기 기억상실증이 생기는 이유입니다. 언어화하지 못한 '나쁜 일'은 한 번도 명세화되지 못한 채 나쁜 기억의 덩어리로 마음에 남아 평생 우리를 괴롭힙니다. 우리는 모두 한때 실어증 환자였다고 할 수 있습니다.

어쨌든 이 아이는 어른이 되었고 이제 말하기는 밥 먹기만큼이나 쉬워졌지만 여전히 말을 잘 못합니다. 자신이 듣고 싶은 것만 듣고 섣불리 상대방의 말을 차단하며 '좋은' 말을 다 까먹어서 위로도 공감도 해 주지 못합니다. 비록 부모로부터 한 번도 좋은 말을 듣지 못했던 가슴 아픈 과거 때문이라고 해도요. 남에게 좋은 말을 해 주지 못하는 거야 사정이 있다 해도 심지어 자신의 상황조차도 명확하게 언어화하지 못하고 나쁜 기억의 덩어리로 방치합니다. 이제는 좌우 반구가 골고루 발달되어 있지만 여전히 우반구가 우세했던 갓난아이 때처럼 살면서 감정적으로만 대처합니다.

태어난 직후에는 말을 통째로 못 하는 '실어증'이었다면 이제는 적당한 단어를 쓰지 못하는 '언어상실증' 혹은 '언어변형증'에 걸렸습니다. 밖에서는 말을 아주 잘하면서 집에만 들어오면 말을 하지 않는 '선택적 함구증'에도 걸렸습니다. 이러다가는 인간이 다른 동물과 다른 점으로 그토록 자부심을 갖는 언어 기능이 점점 퇴화할지도 모르겠습니다. 두 번째 애착을 성공하려면 이 증상을 정상화하여 자신에 대한 '새로운 이야기'를 써야 합니다.

《심리학이 어린 시절을 말하다》의 심리 치료사인 우르술라 누버Ursula Nuber는 영국의 제71대 총리였던 마거릿 대처Margaret Hilda Thatcher의 딸인 캐롤 대처Carol Jane Thatcher의 이야기를 전해 주는데요. 그녀는 한 텔레비전 쇼에 출연해 자신의 음주 문제와 금전 문제를 공개하면서 크리스마스 때 어머니가 자신에게 "난 크리스마스를 어떻게 보내야 할지 모른다. 앞으로 6개월 동안은 정치적으로 어려운 시기야. 하지만 우린 이 문제를 잘 극복할 거야"라는 말만 했다고 했습니다. 또한 자신이 학교 시험을 앞두고 초조해하자 어머니가 당내 표결을 코앞에 두고 있는 상황만 얘기하면서 "나처럼 초조해하면 안 돼"라고 말했다고 합니다. 캐롤 대처의 지금 모습이나 과거 얘기를 종합해 보면 안정 애착에 실패한 듯이 보이는데 역사에 한 획을 그을 정도의 훌륭한 정치가더라도 자식을 안정되게 키우는 건 어려울 수 있음을 보여 줍니다.

누구라도 캐롤 대처의 애착 실패에는 그녀의 엄마인 마거릿 대처의 잘못이 크다고 볼 것입니다. 하지만 캐롤 대처는 성인으로서 두 번째 애착을 성공시킬 수 있었습니다. 과거의 상처로 인해 패잔병처럼 사는 것이 아니라 자신에 대한 새로운 이야기를 만들어 얼마든지 원하는 삶을 살 수 있었습니다. 우리 삶의 두 번째 상황은 어릴 때와 완전히 다르기 때문이죠. 낯선 저자들이 이야기를 쓰게 할지, 직접 쓸지 직접 결정해야 한다고 누버가 말했듯이, 우리에게는 분명히 선택권이 있습니다. 아울러, 캐롤 대처도 이미 새롭게 시작했다고 생각합니다. 전 국민이 보는 방송에 나와 일종의 언어화를 한 셈이니 이제 자신이 원하는 삶에 관한 이야기를 써 내려가면 됩니다.

'새 이야기'를 쓰는 법

'새 이야기'는 어떻게 써야 할까요? 아주 간단하게 말하면, 어렸을 때 부모에게서 받지 못했던 것을 주고, 또 받으며 살아가면 됩니다. 앞에서도 말했듯이 이제는 그럴 능력이 생겼으니까요.

과거에 부모에게 애착이 잘 안 되었다면 현재 애착 대상을 찾아 전념하면 됩니다. 온몸과 마음과 영혼으로 만난 부부는 당연히 전념의 우선순위입니다. 전념하려고, 즉 평생 애착하려고 그렇게 진하게 연애해서 결혼에 이르렀으니까요. 안정 애착을 이끌어 주는 부모에게는 3가지 특성이 있는데, 바로 민감성, 반응성, 일관성입니다. 이를테면 아이가 울 때 정상적인 부모라면 아이의 상태를 '민감'하게 살펴 즉각적으로 '반응'합니다. 그리고 이런 대응을 '일관적으로' 보여 줍니다. 부모의 기분에 따라 들쑥날쑥하게 아이를 대하는 게 아니라요. 이처럼 '정상적인'

부모의 반응을 파트너끼리 보여 주면 제2의 애착은 성공하게 됩니다.

알고 보면, 그렇게 어려운 것도 아닙니다. 연애할 때 이미 보여 주었던 모습이니까요. 그때 우리는 상대방에게 '민감'하게 '반응'하고 너그럽고 사랑이 넘치는 모습을 '일관적으로' 보여 줍니다. 그때는 자동적으로 나왔고 지금은 좀 더 의식적으로 해야 한다는 차이만 있을 뿐입니다. 그런데 사람들은 '의식적으로' 해야 한다고 하면 '참 사랑'이 아닌 것 같아 시큰둥해 하고, '노력을 기울여야' 하는 것 같아 귀찮은 마음이 생깁니다. 하지만 사랑에 노력이 포함되어 있다는 것을 부인할 사람은 없을 것입니다.

상대방의 행동의 의미를 추측하지 말고 사실에만 근거하여 말하고 행동하면 노력에 힘이 덜 듭니다. 마음에 와닿는 말이 아닐 때는 다짜고짜 화를 내기보다는 심호흡을 하면서 잠시 시간을 가져 보세요. 서로의 마음에 불일치가 생겼을 때 만족할 만한 해결이 되기까지는 오랜 시간이 걸린다는 사실을 마음에 새기고, 일단은 '만족감'에 집착하기보다는 '불편감'을 최소화하는 것에 집중하세요. 사과할 게 있으면 반드시 사과하고요. 자신이 행복하기를 바라는 만큼이나 상대방의 행복에도 관심을 기울이면 갈등의 폭이 줄어들 것입니다. "오늘 하루 어땠어?"라고 서로의 기분을 물어보는 건 관심 기울이기의 시작입니다.

안타깝게도 부부 관계가 영 전념이 안 되어도 애착을 포기하면 안 됩니다. 애착 없이 살다가는 자신도 모르게 삶의 의욕을 잃어버릴 수 있습니다. 어렸을 때는 '부모'라는 '사람'에게만 애착을 해야 했지만 성인기 애착은 꼭 사람에게만 해야 하는 것이 아니며 사람이라도 꼭 가족에게만 해야 하는 것도 아닙니다. 어렸을 때는 스스로 할 수 있는 일이 없으니 '권능자'인 부모에게 '유일 애착'을 할 수밖에 없습니다. 그야말로 부모는 생명 줄이었으니까요.

그럼에도 부모의 애착이 성에 차지 않아 '애착 담요'나 '애착 인형'을 품에 안고 사는 아이가 있습니다. 그런 아이가 걱정이라며 상담실을 찾는 부모도 있지만, 성인이 되었다면 오히려 애착 담요나 인형 같은, 사람 이외의 애착 대상을 반드시 만들어 놓아야 합니다. 사람과의 관계가 어긋날 때마다 그것에 기대어 마음을 회복해야 하니까요. 책, 음악 등의 문화 예술 활동, 애완동물, 식물, 음식 등 애착 대상은 무궁무진합니다.

반려견을 사랑하고 식물을 정성스럽게 키우는 사람들을 보면 애착이 잘된 아이가 웃는 밝고 충만한 표정이 느껴집니다. 종교(신)는 너무도 좋은 애착 대상입니다. 굳이 우리가 무얼 해 줄 필요도 없이 무한한 사랑을 받기만 하면 되니까요. 무엇보다도, 월등한 존재에 연결되는 느낌은 세상에 대한 유대감, 즉 애착의 감정을 느끼기에 충분합니다. 한 가지 흠이라면 눈에 보이지 않아 '인간적인' 애착을 느끼기가 쉽지 않다는 것입니다. 일(직업) 또한 강력한 애착 대상입니다. 게다가 일은 돈과 직접 연결되기 때문에 애착의 강도가 매우 셉니다. 그렇다 해도 결혼 생활에 지장을 줄 정도로 집착하면 안 되겠지요. 이는 일 외의 다른 애착 대상에게도 마찬가지입니다. 어떤 사람과 같이 살게 되었고 또 부모가 되었다면 언제나 1순위는 사람입니다.

하지만 애착 대상을 찾았다 해도 과거의 상처에 여전히 짓눌려 있으면 애착 과정이 순조롭게 진행되지 않을 것입니다. 그러니 과거의 상처를 한 번쯤은 반드시 드러내고 재통합하는 시간을 가져야 합니다. 자기 성찰이라고 불리는 이 작업은 애착 외상을 이해하고 처리하는 데 반드시 필요한 과정입니다. 성찰이란 자신의 경험을 조금 떨어져 관찰하고 객관적으로 해석하는 것을 말합니다. 부정적인 기억조차 다른 관점으로 바라보고 긍정적으로 재해석하면 마음의 응어리가 풀립니다. 이를테면 엄마가 나를 거부했던 일이 떠오를 때마다 괴로워하기만 하는 게 아니라 '엄마가 나를 미워한 게 아니라 그때 엄마도 힘들었을 것이다. 나는 여전히 사랑받는 존재였다'라고 재해석하여 언어화할 수 있습니다.

언어화에 대해서는 앞서 이미 살펴보았지만 그 치유 효과에 대해 다시 한번 더 알아보겠습니다. 우리가 트라우마를 겪으면 감정 뇌인 편도체가 주로 활성화되는 반면 사고 뇌인 전두엽과 언어 뇌인 좌반구 영역이 억제됩니다. 큰 충격을 받았을 때 '말문이 막히는' 증상이 실제로 신경적 토대를 갖고 있는 것입니다. 이런 증상이 장기화되면 우리는 통제

불능 상태에 빠져 삐죽삐죽 튀어나오는 감정들에 압도되어 허우적대게 됩니다. 마음의 병이 시작되는 것이죠. 심리학자들은 이 막힌 부분을 뚫어 주는 것, 즉 감정을 언어로 표현하고 경험에 관해 납득할 만한 '이야기'를 새로 짜는 것이 정신 건강에 필수적이라는 것을 발견했습니다. 과거의 부정적 경험이든 현재의 갈등이든 감정을 해소하고 언어화를 통해 균형 잡힌 시각을 되찾으면 마음이 회복되기 시작합니다. 심리 치료가 하는 일이 바로 이것이며, 효과가 있는 것도 바로 이 때문입니다.

과거 사건에 대한 재해석의 여지가 0%인 사람은 절대로 없습니다. 우리는 어린 시절의 기억(예: 엄마가 자신을 거부했던)이 정확하다고 확신하지만 진실은 아무도 모릅니다. 연극에서 주인공이 조명을 받는 장면을 떠올려 보세요. 한 사람에게 하이라이트가 집중되는 동안 다른 출연자들은 어둠 속에 있습니다. '내 기억'은 당연히 주인공인 '내게' 하이라이트가 집중되는 단편적 기억일 뿐입니다. 어둠 속에서, 즉 극장 전체에서 일어났던 일은 기억과 다른 부분이 훨씬 더 많습니다. 단편적 기억에서 벗어나 전체를 보려 한다면, 똑같은 기억이라도 감정치가 달라집니다. 그렇게 과거의 부정적인 감정이 희석되면 신기하게도 지금 사는 게 덜 힘들어집니다. 애초에 소중한 존재였던 자신의 본모습을 회복해서 그렇습니다.

과거에 겪었던 부정적인 사건은 진흙처럼 기억 속에 뭉쳐 있고 시간이 지날수록 콘크리트처럼 견고해집니다. 하루라도 빨리 이 진흙 덩어리를 깨서 흩트리세요. 그리고 다시 진흙을 뭉쳐 보세요. 예전에는 몰랐던 다른 요소들이 섞일 것입니다. 온통 검은색으로밖에 보이지 않았던 진흙이었는데 이제는 회색도 노란색도 빨간색도 섞여 있습니다. 삶의 새 이야기가 만들어지고 상처가 아물기 시작하며 우리는 그렇게 좀 더 말랑말랑하고 성숙한 삶을 살게 됩니다.

연극에서 하이라이트는 항상 2막이듯이, 우리 삶의 1막이 썩 만족스럽지 않았다 해도 2막을 잘 끝내면 인생이라는 연극은 아주 멋지게 마무리됩니다. 그렇게 해 보도록 합시다. 그렇게 할 수밖에 없습니다. 그렇게 할 수 있습니다.

'미래의 나'는 다르게 살기를

애착 이론을 살펴보다 보면 인간 존재에 대해 왠지 서글픈 느낌이 들기도 합니다. 우리가 아무리 용을 써 봤자 결함이 없을 수 없는 두 사람 (부모)이 만든 환경의 영향에서 자유롭지 못한 것 같은 한계가 느껴진다고 할까요. '지금의 당신의 모습은 과거에 만들어진 것이다' 유의 말처럼 말이죠. 어린 시절에 숱하게 느꼈던 열등감, 서러움, 억울함 등을 부모가 제대로 막아 주지 못했던 일들이 떠오르면서 상처가 다시금 쑤셔지는 듯한 느낌도 올라옵니다.

그런데 결혼은 제2의 애착기이기 때문에 새로운 이야기를 쓰면 두 번째 애착은 성공할 수 있다고 말했습니다. 이 말의 의미를 다시 새겨볼까요. 그 '징글징글했던' 과거 때문에 지금 이렇게 힘들게 살고 있는지 몰라도, 미래의 과거가 될 오늘을 잘 산다면 '미래의 나'는 보다 행복하게 살 수 있지 않겠습니까. 과거에는 우리의 삶을 부모가 주관했지만 미래의 과거, 즉 현재는 우리 스스로 새 이야기를 쓸 수 있으니까요. 물론 우리 역시 결함을 가진 존재이지만 최소한 그 결함을 인식하고 조심하여 과거보다 성숙하고 행복한 이야기를 만들어 볼 수 있으니까요.

예전에 스트레스가 한꺼번에 폭발했던 시기가 있었습니다. 육아는 육아대로 힘들었고 회사에서는 회사대로 지쳤고 가족 관계에서도 문제가 생겼고 몸도 안 좋았고 자신감도 극도로 저하되었습니다. 그래도 2가지는 꾸준히 하려고 했던 게, 하나는 아이에게 웃어 주기였고 또 하나는 꽃이 피어 있는 길을 30분이라도 걸으려 한 것입니다. 꼭 멀리 가지 않더라도 동네 공원도 있고 하다못해 골목 담벼락에도 항상 꽃은 있기에 그리 어려운 일은 아니었습니다. 꽃이 핀 곳에 으레 나타나는 나비들을 보는 소소한 즐거움도 좋았고요. 아이와 같이 걷기도 했고 아이가 컸을 때는 혼자서 걷기도 했습니다. '내 세상'에 그나마 예쁜 존재로 있는 것을 보면서 구질구질한 마음을 정화하고 싶었던 것 같습니다. 그들의 모습에 감탄하면서 그것을 볼 수 있음에 감사하는 마음을 가지려고 했습니다. 그들과 달리 초라한 내 모습에 속상하기도 했지만 언젠가는 꽃처럼 피어나고 나비처럼 날아올라 웃을 날이 올 거라고 묵상하며 걸었습니다. 그로부터 수년 후, 어느 날 꽃을 보며 걷고 있는데 흰 나비 3마리와 노랑나비 1마리가 앞서거니 뒤서거니 날개를 펄럭이며 길을 안내했습니다. 그 순간 말할 수 없는 기쁨이 올라왔습니다. 마음속에 자부심도 다시 꽃피었습니다. 문득, 과거에 씨를 뿌렸던 상념이 그 과거의 미래에 꽃을 피웠다는 생각이 들었습니다. 앞이 안 보일 때도 많았지만 낙담하거나 포기하지 않고 꾸준히 '걸은' 결과, 그때로부터의 미래의 나는 좀 더 행복해졌음을 알게 되었습니다. 미래를 '내가' 바꾼 것, 즉 만든 것입니다. 이 이야기를 통해 오늘을 잘 보낸다는 것 의미가 좀 더 이해되었기를 바랍니다.

여기서 '미래의 나'는 '나 자신' 말고도 하나가 더 있습니다. 바로 나의 분신인 '아이'입니다. 아이의 어린 시절을 좌우하는 부모로서 안정적인 애착 관계를 형성하는 것은 필연코 해야 할 일이겠습니다. 한국 부모들은 자신들이 했던 고생을 자식에게 물려주지 않으려 하면서 자식이 자신들보다 더 높은 지위에서 더 부유하게 살기를 바라는 마음이 많습니다. 다만 그 노력이 지나치게 공부 쪽으로 치우쳤습니다. 정작 마음을 써야 할 것은 정서적 안정, 즉 안정 애착인데 말이죠. 안정 애착이야말로 '물고기를 주는 게 아니라 물고기를 잡는 법을 알게 해 주는 것'입니다. 우리 자신의 상처를 끊고 미래의 내가 행복하도록 노력해 볼 기회가 있다는 건 가슴 뛰는 일이기도 합니다.

물론 이 기회를 모두 잘 살리는 건 아닙니다. 이를테면 자신은 절대로 아이에게 공부를 강요하지 않겠다고 다짐하고서도 어느 순간 아이의 성적에 예민한 모습을 보이는 것처럼요. 이럴 경우라도 그런 모습을 자각하고 줄이겠다고 다짐만 해도 반드시 좋아집니다. 처음부터 완벽하게 할 생각을 갖는다거나 그렇게 하지 못했을 때 실망하기는 금물입니다. '앗, 나도 모르게 이런 행동을 했네. 다음부터는 조심하자' 이 정도만 해도 충분합니다. 다만, 손찌검과 같은 공격적이거나 폭력적인 모습이 나올 때는 심리 상담을 받아서라도 당장 중지해야 합니다.

더 문제가 되는 것은 아이의 모습에서 과거 자신의 모습을 보게 될 때마다 마치 큰일 났다는 듯이 예민하게 반응할 때입니다. 사실, 아이는 부모의 유전자로 태어날 뿐 아니라 늘 부모를 바라보며 자라므로 부모의 모습이 나타날 수밖에 없습니다. 사랑할수록 동일시를 더 많이 하게 되니까요.

그럼에도 아이가 자신의 어릴 적 모습을 보이면 유난히 안절부절못하는 엄마들이 있습니다. 예를 들어 유치원 참관 수업에 갔는데 아이가 우물쭈물 말을 잘 못하면 다른 사람의 평가가 신경 쓰이고 저러다가 나중에 사회생활이라도 제대로 할지 덜컥 겁이 납니다. 한편으로는 '집에

서 그렇게 자유분방하게 자기주장을 잘하도록 신경 썼는데 왜 저럴까'
하며 허탈해하기도 합니다. 6세 때의 모습으로 20년, 30년 후의 모습까
지 걱정할 정도로 뇌가 꽉 막히고 심지어는 자신의 부모가 했던 대로
아이에게 반응하기도 합니다. 자라 보고 놀란 가슴 솥뚜껑 보고 놀라듯
이 자신이 사회생활 할 때 힘들었던 기억이 올라오면서 아이마저 똑같
은 전철을 되풀이할까 봐 전전긍긍하는 것입니다.

하지만 이럴 때일수록 한발 물러서서 봐야 합니다. 아이가 나의 어린
시절의 못마땅했던 모습을 보이더라도 결코 같은 상황에 놓인 게 아닙
니다. 지금은 '내가' 아이를 위로하고 대처 방법을 알려 줄 수 있으니까
요. 이건 정말 엄청난 차이입니다. 그러니 아이는 '내가' 겪었던 어려움
을 절대로 그대로 겪지 않게 하겠다고 확실히 되새기세요. 오히려 '내
가' 겪었기에 아이의 마음을 더 잘 공감해 줄 수 있는데 이 장점을 묵히
면 안 되겠죠.

무엇보다도, 기질은 타고난 것이라 짧은 시간에 바꾸기 힘듭니다. 이
상하게 한국 사회에서는 유치원이나 학교에서 활발하고 적극적인 아이
를 높게 치는 경향이 있는데 움츠러드는 것도 나름의 '자발성'입니다.
본인만이 감지하는 '불편한 상황'에서 대처하는 것이니까요. 오히려 이
걸 무시하고 무조건 적극적으로 행동하도록 강요하면 다른 부작용이
생길 수 있습니다. 그래도 자기 의견을 잘 말하면 나쁠 것은 없으니 조

금씩 연습시키고 차츰 개선되면 됩니다. 큰일 날 것은 하나도 없습니다. 부모는 아이보다 딱 반 발짝 정도만 앞서 나가면 좋습니다. 너무 앞서가지 말고요. 딱 그 정도만 앞에 서서 위험 상황을 미리 체크하고 아이가 비틀거릴 때 잡아 주면 됩니다. 나머지는 아이가 헤쳐 나가도록 하고요.

아이에게서 무언가 '바람직하지 않아 보이는' 모습이 있다면 그걸 대화의 기회로 삼는 게 더 중요합니다. 앞의 예처럼, 참관 수업 때 많은 친구와 부모 앞에서 발표를 잘 못했다면 본인도 창피해하거나 속상할 가능성이 있습니다. 어쩌면 집에 돌아오는 차 속에서 아이가 먼저 말을 꺼낼 수도 있고 엄마가 나중에 넌지시 대화를 유도할 수도 있겠죠. 아이는 그런 상황에 대해 어떻게 받아들였는지, 만에 하나 그 때문에 상처를 입었거나 '나는 못났어, 나는 안 돼'라는 생각을 하고 있지는 않은지 살펴본 후 "아무 문제도 없어. 누구도 그런 상황에서는 당황할 수 있어. 네가 말을 빨리 하지는 못했지만 포기하지 않고 잘 마쳐서 자랑스러웠어. 얼마나 귀여웠는지 몰라. 사랑해"라고 말해 주면 됩니다. 그다음에 아이가 다시 "나도 사람들 앞에서 말 좀 잘하고 싶은데"라고 말한다면 그때 좀 더 적극적으로 도와주면 되고요. 왜 말하기가 힘든지, 자신 있게 말하려면 어떻게 하면 좋은지 가르쳐 주면 됩니다.

앞에서, 우리가 어렸을 때 언어화하지 못했던 상처가 진흙처럼 기억에 뭉쳐져 있다고 했습니다. 그럼 아이도 지금 그런 상태에 있겠지요.

이미 경험해 본 부모가 잠시 아이의 입과 뇌가 되어 말하도록 해서 숨통이 트이게 해 주세요. 물론, 잠시만입니다. 아이가 스스로 말할 수 있게 되면 더 이상 부모의 말이나 생각을 끼워 넣지 않도록 조심하기 바랍니다. 아이가 큰 왜곡을 보일 때만 올바른 판단을 하도록 잠깐 도와주고요.

물론, 부모가 보다 적극적으로 아이의 '뇌'와 '입'이 되어 줘야 할 때도 있습니다. 아이가 어떤 일로 마음의 상처를 '아주 심하게' 받았을 때입니다. 아이는 친구들이나 주변 어른들이 생각 없이 하는 말을 다 '진심'이라고 받아들이는 경향이 있습니다. '바보, 멍청이, 겁쟁이, 지질하다, 촌스럽다, 못생겼다, 인기 없다, 이기적이다, 그렇게 버릇이 없어서 나중에 뭐가 될까, 앞날이 깜깜하다' 등의 말을 고스란히 받아들여 자신을 못난 존재로 여기기 시작합니다.

아이가 이런 말을 들어 힘들어한다면 그 감정을 먼저 공감해 준 후 그런 말을 듣게 된 상황을 객관적으로 보게 해 주세요. 어쩌면 친구가 으스대느라 그랬을 수도 있고 아이가 먼저 자랑을 늘어놓았을 수도 있지요. 또 과제를 연속으로 안 해 가서 교사가 화가 났을 수도 있고 어른들에게 심하게 무례하게 굴어 역정을 불러일으켰을 수도 있고요. 선은 이렇고 후는 이렇다는 것을 깨닫게 해 주고 아이가 먼저 조심해야 할 점이 무엇인지 얘기해 줍시다. 친구나 어른에게 사과할 게 있으면 사과하게 하고요. 반대로, 어쩌면 그 친구는 '참 친구'가 아닐 수도 있음을 받아들이도록 해야 할 수도 있고 부모가 교사에게 도움을 청하거나 어른들께 양해를 구해야 할 수도 있겠죠. 어떤 방향으로 전개되든 자신의 소중함을 잃지 않도록 적절한 타이밍에 개입해야 합니다.

아이는 학교생활이 시작되면 실수가 엄청 잦아지고 친구들과 오해와 갈등이 생깁니다. 유치원과 달리 엄격해진 학교에 금방 적응하지 못하여 저학년 때는 대소변을 지리기도 합니다. 유치원 때는 아이가 미숙해도 교사들이 전폭적으로 처리해 주지만 초등학교부터는 아이가 스스로 헤쳐 나가야 하는 분위기가 되니 마음고생도 시작됩니다. 그러다 보면 '친구들에게 인기가 없다, 친구들이 따돌리는 것 같다, 선생님이 나만 미워한다' 등의 기억이 형성되기 쉽습니다. 고민을 털어놓게 하고 '그런 적이 있었던 것 같지만 지금은 잘 지내고 있다'라는 새 기억이 남도록 도와주세요. 가장 좋은 것은 즐거운 기억을 많이 남겨 주는 것입니다. 아이들은 의외로 귀엽고 사랑스러웠던 어렸을 적 얘기를 해 주면 굉장히 좋아합니다.

아이에게서 나의 '그림자'를 찾지 말자

부모가 좋지 않게 여겨 왔던 모습을 아이가 보이면 감정적으로 대처하지 말고 차분하게 생각해 보기 바랍니다. '왜 이런 모습이 나왔을까,

과거의 나는 그럴 사정이 있었지만 지금은 아닌데… 내가 원인일까, 다른 사람 때문일까?'라고 생각해 보면 연결 고리를 분명히 찾을 수 있습니다. 그 후에는 양육 방식을 바꾼다든지 아이의 행동에 영향을 미치는 어떤 사람이나 상황을 조정하는 등의 해결책을 찾으면 됩니다. 의외로, 아이에게서 배우자나 자신이 싫어하는 가족의 모습이 보여 무조건 거부감이 드는 경우도 있습니다. 이는 본인의 완벽주의나 열등감, 혹은 체면을 중시하는 태도 때문일 수도 있으니 자신의 속을 솔직하게 들여다볼 필요도 있습니다.

원인이 헷갈릴 때는 원래 아이는 어떻게 커야 하는지 자문해 보기 바랍니다. 아이는 천진난만하게 활짝 웃으며 크는 게 정상입니다. 아이에게는 사랑스러움, 쾌활함, 자유로움, 독창성, 재기 발랄함 등의 단어가 참 잘 어울립니다. 지금 아이의 어떤 모습이 못마땅해서 고치라고 요구하고 싶을 때, 고친 후의 모습이 이 단어들과 배치된다면 순전히 '내 문제'일 수 있으니 다시 한번 생각해 보기 바랍니다.

'부자가 3대를 못 간다'라는 말이 있는데 돈만 해당되는 건 아닌 듯합니다. 상담실에서 아래와 같은 경우를 많이 보게 되는데요. 어렸을 때 부모가 너무 바빠서 공부시키는 데 관심이 없었고 그 결과 좋은 대학교에 못 간 사람은, 아이를 무슨 일이 있어도 좋은 대학교에 보내려는 것으로 그 속상함을 채우고자 합니다. 그런데 부모가 그렇게 공부에 올인하는 동안 이번에는 아이가 정서적 결핍감을 느끼게 됩니다. 반대로, 어렸을 때 정서적 결핍감을 느꼈던 게 서러워서 자신의 아이만큼은 외롭지 않게 키우리라 마음먹고 친구처럼 잘 지내 온 사람은, 아이가 중학생이 된 이후에도 공부 같은 자신이 응당 해야 할 일조차 책임지지 않으면 어떻게 가르쳐야 할지 갈피를 잡지 못합니다. 현실적 성취와 정서적 안정을 완벽하게 갖추면서 3대 내내 행복하게 산다는 게 참 쉬운 일이 아니라는 생각이 듭니다. 엄마 자신이 결핍감을 극복하고자 매진하는 것이 아이에게는 또 다른 결핍감을 불러일으킬 수 있다는 것을 생각하면 아이에게 무언가를 요구하게 될 때 좀 더 신중해질 것입니다.

아이에게서 나의 '그림자'를 찾는 것을 그만합시다. 설사 비슷한 그림자가 보여도 그림자는 실체가 아니기 때문에 크게 걱정하지 않아도 됩니다. 그림자가 너무 짙을 때만 잠식되지 않도록 도와주고 그 외에는 아이가 자신의 삶을 펼치는 것을 지켜보고 응원해 주며 최대한 친절하게 대해 줍시다. 많이 안아 주고 사랑한다고 말해 줍시다.

어쨌거나 아이에게는 엄마만이 치유해 줄 수 있는 부분이 있습니다. 더 정확하게 말하면 엄마의 인정과 사랑을 받아야만 만족하는 부분이 있습니다. 호텔이 아무리 깨끗하고 세련되어도 우리 집이 아니니 만족하며 오래 지낼 수 없는 것처럼 상담실이나 학교에서 아무리 훈훈한 대화를 하고 칭찬을 받는다 해도 부모의 인정과 칭찬, 사랑이 부족하면 마음이 늘 허합니다.

결혼은 제2의 애착기라고 했습니다. 첫 번째 애착이 실패했어도 부모에게서 받지 못했던 것을 지금 내 옆의 사람과 주고받으며 새로운 이야기를 쓰면 두 번째 애착은 성공할 수 있다고 말했습니다. 그러기 위해 애착 대상을 찾아 전념하자고 했는데, (당신 앞에 있는) '이 아이', 아주 막강한 대상이네요. 권태기에 들어선 부부가 '아이 때문에 산다는 말'을 서슴지 않고 할 정도로 아이는 부모의 삶의 동력이자 목적이기도 합니다. 아이가 우리를 싫다고 하기까지는, 아니, 싫다고 해도 그저 사랑하는 이 놀라운 애착 대상, 우리가 행복하게 살기 위해서라도 잘 키워 볼 수밖에 없습니다. 오늘, '미래의 나'에게 미리 행복을 보내 놓읍시다.

5장

견고한 마음 약국을 위한
4가지 기둥

이 책의 핵심 내용은 엄마들 스스로 자신의 마음을 다스리도록 돕는 것이지만 장기적으로는 엄마의 마음을 다스리는 것을 넘어 대를 물리는 마음 약국을 만드는 게 목표입니다. 견고하고 건강한 엄마의 마음 약국은 자식에게도 그대로 물려져 행복한 삶을 살도록 하는 든든한 터전이 될 테니까요. 당신이 건강한 마음 약국을 운용하면 아이는 당신이 겪었던 어려움을 패스하거나 덜 겪으면서 자랄 것입니다. 먼 훗날 엄마가 아이 옆에 있어 주지 못한다 해도 아이는 대를 물려 이어받은 엄마 마음 약국에 힘입어 힘든 일이 닥쳤을 때도 지혜롭게 잘 헤쳐 나갈 것입니다.

설사 당신이 부모와 조부모까지 개입되는 마음의 상처를 입었다 해도 이제 당신이 마음 약국을 잘 운영하면 과거의 영향을 끊고 새로운 심리적 대代를 시작할 수 있습니다. 대를 잇는 마음 약국, 만들어 보고 싶지 않나요?

5장에서는 대를 물려줄 수 있을 만큼 견고한 마음 약국을 만들기 위한 4가지 기둥에 대해 설명하려 합니다. 1장부터 4장까지는 특정한 육아 상황, 이를테면 산후우울감, 육아 불안, 부부 갈등 같은 구체적인 '증상'을 해소하고 마음의 짐을 벗어 보는 시간이었다면, 지금부터 살펴볼 5장은 마음의 '기초 체력'을 다지는 시간으로 이해하면 되겠습니다. 기둥이 튼튼한 집은 시간이 지나도 굳건하고 오히려 갈수록 창연蒼然함이 더해지듯이, 마음 약국의 4가지 기둥을 잘 세워 탄탄하고 갈수록 근사해지는 마음 약국으로 만드시기를 바랍니다.

첫 번째 기둥
: 체력

체력은 1장에서 신체적 소진감을 다루면서 이미 말했듯이 '육아의 필수 조건'이라 할 정도입니다. 아이를 안거나, 업어야 하고, 뛰어다니는 아이를 쫓아다녀야 하고, 매끼 밥을 차려 주어야 하니까요. 아이가 어릴수록 정신보다는 몸을 더 써야 하니 엄마가 먼저 잘 먹고 잘 자고 체력을 잘 유지해야 합니다.

아이와 같이 줄넘기를 하는 식으로 직접 체력을 올리는 활동을 하면 가장 좋습니다. 운동을 하면 스트레스 호르몬인 코르티솔을 감소시켜 수많은 질병을 예방합니다. 또한 우울증 예방에 필수적인 세로토닌과 도파민을 분비해 쾌적하고 즐거운 기분을 유지하도록 해 줍니다. 이 부분은 너무도 중요합니다. 1장에서 보았던 대로, 엄마들은 우울증에 매우 취약하니까요. 하지만 우울증을 완화할 수 있는 '환경의 변화'는 언감생심입니다. 갑자기 아이가 크는 것도 아니고 갑자기 집안일을 안 할 수도 없으니까요. 심리 상담실에 한번 가는 건 더 어렵습니다. 그러니 다른 누구보다도 엄마들은 스스로 마음을 관리하는 방법을 익혀 놓아야 합니다. 이 말을 생리학적으로 다시 말해 본다면 스스로 세로토닌을 분비하는 방법을 익혀 놓아야 합니다. 세로토닌 분비 저하가 우울증의 강력한 원인 중 하나여서 그렇습니다. 실제로 항우울제는 이 물질이 정상적으로 기능하도록 돕는 약입니다.

약으로 취하는 세로토닌을 스스로 분비하라니 의아할 수도 있겠지만 방금 보았듯이 운동만 해도 세로토닌은 분비됩니다. 만약 우리가 몸이 안 좋아서 약을 먹는다면, 얼마나 시간 맞춰 잘 챙겨 먹습니까. 약사들은 환자들이 식후 30분에서 한참 지났는데 지금이라도 먹어도 되는지, 식욕이 없어서 밥을 못 먹겠는데 어떻게 해야 하는지 등의 질문을 하루라도 안 받는 날이 없다고 합니다. 이번 기회에 운동이 세로토닌을 분비한다는 것을 꼭 기억해서 좋은 약을 먹을 때처럼 꼬박꼬박 해 보기로 합시다.

운동 외에도 우유, 바나나, 치즈 같은 '세로토닌 음식' 먹기(더 정확하게는 트립토판이 함유된 음식 먹기), 음악 듣기, 영화 보기, 같이 즐거운 활동하기, 긍정적으로 생각하기, 자주 웃기, 감사하기 등 세로토닌을 분비하는 많은 방법이 있습니다. 사실 이것들은 약이 아니기에 약처럼 즉시 강력한 효과를 내지는 않겠지만 5%, 10%의 효과를 내는 것 여러 개를 수시로 하는 게 부작용도 없고 효과도 더 오래갈 뿐만 아니라 즐겁기까지 합니다.

운동은 우울증 예방 효과에 더해 또 한 가지 좋은 점이 있습니다. 바로 뇌력을 올려 준다는 것입니다. 아이를 낳은 후 뇌 기능이 저하되는 듯한 느낌이 들 때가 있죠. 신경 쓸 게 많아서 주의가 분산되는 것도 있고 아무래도 나이 드는 것 때문도 있겠죠. 여전히 날렵한 정신 기능을 유지하고 싶은 건 모든 사람의 소망일 텐데 운동이 그것을 도와줍니다. 운동이 뇌 기능을 높여 주고 새로운 뇌세포를 만든다는 연구는 거의 매일 보고되고 있는데 그중에서도 특히 흥미로운 연구가 세계적인 기억 연구자 에릭 캔델 Eric R. Kandel 의 《마음의 오류들》에서 소개되고 있습니다. 미국 컬럼비아 대학교 유전학자 제러드 카센티 Garard Karsenty 는 뼈에서 오스테오칼신 osteocalcin 이라는 호르몬이 분비된다는 것을 우연히 발견했고, 이후 이 호르몬이 몸의 많은 기관에 작용할 뿐 아니라 뇌로도 들어가서 기억력과 학습 능력을 올린다는 것을 알아냈습니다. 이 물질을 투여받은 생쥐의 기억력이 향상된 연구를 카센티와 공동 수행했던 캔델은 운동이 뼈의 질량을 증가시키고 기억 감퇴도 완화할 수 있다고 말했습니다. 예전에는 운동으로 심장이나 근육이 튼튼해지는 연상이 많이 되었다면 이제는 뼈와 해마가 튼튼해지는 연상까지 되어 운동하기 싫은 날에도 기어코 운동화를 신게 됩니다. 운동은 인간의 많은 활동 중의 하나로 '하면 좋은' 정도가 아니라 인간의 삶을 온전히 영위하고 품위

있게 나이 들기 위한 필수 활동입니다.

꼭 운동이 아니어도 됩니다. 아이와 같이 움직이기만 해도 충분하니 너무 부담 갖지 않아도 됩니다. 오히려 신경 써야 할 것은 규칙적인 생활입니다. 아이가 있으면 규칙적으로 살 수밖에 없지만 아이를 보육 기관에 보낸 후 잠시 생활 리듬이 흐트러지는 엄마들이 있습니다. 리듬이 깨지면 오후나 저녁에 더 피로감을 느끼게 되니 집이 '내 아이만 다니는 보육 기관'이라고 생각하고 일과표를 짜서라도 규칙적으로 움직이기 바랍니다. 규칙적으로 움직이기만 해도 세로토닌을 비롯한 좋은 체내 물질들이 부족함 없이 분비됩니다.

따로 운동할 시간을 갖기 힘든 엄마들에게 가장 추천하는 것은 아이와 자연으로 나가는 겁니다. 자연이라고 하면 또 거창하게 들리겠지만 집 근처 공원도 충분합니다. 공원에서 햇볕을 쬐며 걷고 꽃향기를 맡고 아이와 공놀이라도 하는 것은 헬스클럽에 가기 힘든 엄마들에게 좋은 대안이 됩니다. 운동도 운동이지만 비타민 D, 세로토닌 등 몸에 필요한 물질들이 자연적으로 생성됩니다. 아이가 즐겁게 뛰어노는 것을 보고 기분이 좋아지기도 하지만 햇볕 때문에도 기분이 좋아지니 비가 엄청 오는 날이 아니라면 매일 나가는 시간을 아예 정해 놓기 바랍니다.

워킹맘이라면 주말에는 당연히 '나간다'라고 생각하세요. 집에서는 하루 종일 애들 밥과 간식을 챙기느라 정신이 없고 몸도 지치지만 밖에 나가면 아이가 밥과 간식보다 노는 것을 더 좋아해서 식사 준비에서 자유로워지는 면이 있습니다. 녹색 자연을 보면서 좋은 공기를 맡으면 피로가 금방 풀리는 것은 말할 것도 없고요. 아이는 아이대로 밖에서 오르락내리락하는 동안 근육도 발달하고 균형 감각이 생기며 뇌도 튼튼해집니다. 자연에서 많이 노는 아이치고 잔병치레가 잦거나 짜증내거나 우는 경우를 많이 보지 못했습니다. 한 번씩은 좀 멀리 나가서 해변에서 같이 모래성을 쌓거나 갯벌에서 놀거나 밤에 텐트에 누워 별을 바라보면 원천적인 생명력을 회복할 수 있습니다.

체력 관리라 하면 짱짱한 근육이나 탄탄한 몸 같은 걸 목표로 삼기 쉬운데 엄마에게 체력 관리란 그런 것들보다는 소진되지 않도록 빨리 피로를 회복하는 쪽이 더 맞는다고 생각합니다. 육아하는 틈틈이 할 수 있는 방법도 꽤 많습니다. 아이와 같이 따뜻한 물에서 목욕하면 피로가 금방 풀리고 사랑이 더 깊어지며 마음도 푸근해집니다. 목욕 후 담요로 똘똘 싸고 서로 뒹굴뒹굴하면 행복을 굳이 멀리서 찾을 필요가 없다는 생각이 듭니다. 경쾌한 음악까지 듣는다면 금상첨화이고요. 좀 거창하게 말한다면 일종의 '신체 통합 치료'인 셈이죠. 아이가 들러붙을 때 짜증스럽게 받아들이지 말고 아이에게 맞춰 주는 덕분에 각박한 세상에서 잠시 '탈출'하여 재충전한다고 여기세요.

생각해 보세요. 다 큰 성인이 아이도 없이 혼자서 찰흙 놀이를 하고 색종이를 가위로 오리고 있으면 이상하게들 보겠지요. 하지만 옆에 앙증맞게 앉아 있는 아이와 이런 놀이를 하면 무상으로 놀이 치료를 받는 셈입니다. 아침에 눈떴을 때부터 저녁에 잠들 때까지 온통 어른으로서의 책임 있는 행동만 해야 하는 걸 내려놓고 '건강한 퇴행'을 하게끔 해 줍니다. 아이가 그 멍석을 깔아 주는 셈입니다. 아예 아이를 내세워 이 퇴행을 대놓고 즐기는 아빠들도 있습니다. 아이 장난감이라면서 비싼 전동차를 사 와서는 자기가 갖고 노는 것이죠. 아이는 자기가 하겠다고 계속 졸졸 따라다니고요.

정신없이 하루를 보내느라 위의 것들 중 하나도 못했다면 밤에 아이가 잠든 후 잠시 텔레비전을 보면서 실내 사이클을 타거나 스트레칭을 하는 방법이 있겠습니다. 더 간단한 방법으로는 심호흡과 명상이 있습니다. 심호흡만 해도 하루의 피로가 상당히 풀립니다. 호흡법도 간단한 것만은 아니지만 3초간 들이쉬고 4초간 내쉬는 아주 간단한 방법조차 신체 이완에 큰 효과가 있습니다. 호흡은 결국 산소를 마시고 이산화탄소를 내쉬는 과정이라 할 수 있는데 이 순환이 잘 안 되면 질병이 유발되기 쉬운 체내 환경에 놓이므로 매우 중요한 생체 활동이라 할 수 있습니다. 예전에 10명 정도 참석했던 집단 상담에서 호흡을 이용한 이완 훈련을 하던 중, 3~4명이 돌아가며 가스를 배출하는 바람에 얼마나 키득댔는지 모릅니다. 다행히 냄새는 거의 나지 않았고 소리만 나서 코를

움켜쥐는 일은 없었지만 다들 호흡을 만만하게 볼 게 아님을 알게 됐다고 입을 모아 말했던 기억이 납니다. 한 참석자는 이때 느꼈던 호흡의 힘이 너무 신통해서 집에 가서도 매일 했는데 아침에 눈뜨자마자 3초 들이쉬고 4초 내쉬는 호흡을 5번 정도만 해도 가스가 나와서 한동안은 남편과 따로 잤다고 합니다. 며칠 내내 가스가 나오더니 점차 괜찮아져서 다시 침실에서 자게 됐다며 "몇 년 묵은 가스가 다 배출된 것 같다"라고 말하며 희희낙락했습니다. 아울러 변비도 없어졌다고 했습니다. 모든 사람이 이런 효과를 보지는 않겠지만 해 보지 않고서는 모를 일입니다. 아주 간단하면서도 정체된 기를 뚫어 주는 호흡, 오늘부터 한번 해 보시죠.

심호흡을 해 본 결과 만족스러운 기분이 든다면 이어서 명상에도 도전해 보기 바랍니다. 호흡이 숨 쉬기에만 집중하는 거라면, 명상은 호흡과 더불어 마음을 들여다보고 비우는 것입니다. 두 가지를 합쳐 '마음 챙김 호흡법'이라고 부르기도 합니다. 천천히 호흡하면서 자신의 생각을 제3자의 눈으로 보듯이 바라보는 것을 말합니다. '지금 화가 났구나' '지금 불안하구나' 하는 식으로요.

뇌과학 연구가 쌓이면서 예전에는 생각지도 못했던 사실들이 밝혀지고 있는데 명상 분야에서도 예외가 아닙니다. 신경과학자 라훌 잔디얼 Rahul Jandial 의 《내가 처음 뇌를 열었을 때》에는 느리게 속도를 조절하며 마음 챙김 호흡을 하는 동안 뇌의 신호들이 잘 동조되며 뉴런의 활동을 촉진한다는 연구가 소개되어 있습니다. 호흡이 혈압과 심박수를 조절함으로써 고혈압 관리에 탁월한 효과를 보인다는 것은 이미 알려진 사실이고요.

IT기업의 임원을 남편으로 둔 후배가 남편이 건강 검진을 할 때마다 고혈압 판정을 받았는데 미루고 미루다가 결국 약을 먹기로 했다고 말한 적이 있습니다. "남편이 임원이 된 후 먹고살 걱정은 없어졌는데 건강이 걱정이다"라며 노심초사하길래, 저 또한 혈압 약의 부작용을 잘 아는지라 호흡과 명상을 먼저 해 본 뒤 그래도 안 되면 약을 먹는 게 어떠냐고 했더니 후배 남편은 IT업계 종사자답게(?) 그런 '비과학적인 방법'은 싫다고 했답니다. 저는 더 이상 길게 말하지 않고 구글Google 사내에 '30초 내에 마감되며 수백 명의 대기자가 있는 7주짜리 명상 프로그램'을 개설하여 동료들로부터 자신의 삶이 바뀌었다는 얘기를 매일 듣는다는 차드 멍 탄Chade-Meng Tan에 대해 검색해 보라고만 했습니다. 몇 달 후 후배로부터 남편이 명상 수업을 듣고 사내에도 도입할 예정이라는 말을 들었습니다. 고혈압 수치는 약을 안 먹어도 될 정도로 내려갔고요. 차드 멍 탄은 명상이 미국에서 쿨한 것으로 여겨진다고 했는데 명상의 고향(?)이라 할 수 있는 동방 지역에 위치한 한국에서는 그 정도로 인정받지 못하는 것 같습니다. 엄마들이 먼저 효과를 검증해 보시는 게 어떨까요?

예전에 산후우울감을 겪었을 때 운동은 못 하더라도 지금까지 말한 방법들, 많이 움직이고 최대한 햇볕을 쬐고 즐거운 음악을 듣고 호흡과 명상을 했다면 1~2주 내에 회복되었을 거라고 확실히 말할 수 있습니다. 산후조리에 좋지 않다며 운동을 못 하는 건 그렇다 쳐도 주로 누워만 있으면서 낮에도 커튼을 쳐 놓고 이불 속에 웅크리고 울고만 있었으니 무슨 수로 우울감이 물러갔겠습니까. 눈물이 나더라도 거실에서 해를 보며 울어야 했습니다.

제 경험을 토대로 엄마들께 말씀드립니다. 혹시라도 우울감이 들면 일단 움직이세요. 운동을 하면 가장 좋고 여건이 안 되면 밖에 나가서 몇 분이라도 걸으세요. 누워 있더라도 햇빛이 잘 드는 창가 근처에 누우세요. 자연은 자체 치유 효과가 엄청납니다. 큰 수술을 한 환자들을 반은 창문이 없는 병실에, 또 반은 밖에 나무가 보이는 큰 창문이 있는 병실에 두었을 때 후자의 경우 회복 속도가 엄청 빨랐다는 연구도 있습니다. 자연의 무상 혜택을 놓치지 맙시다. 밤에 아이가 잠들면 5분이라도 마음 챙김 호흡, 혹은 그냥 호흡이라도 하세요. 다음 날 분명 달라짐을 느낄 겁니다. 첫째 아이를 낳은 후 이 단순한 걸 못 해서, 아니 그 효과를 몰라서 안 하는 바람에 속수무책으로 산후우울감을 감내해야 했습니다.

무언가를 이루기 위해 복잡하게 할 게 있고 좀 단순하게 할 게 있습니다. 이를테면 아이를 잘 키우기 위해 복잡하게 할 것에는 안정 애착 형성해 주기, 바람직한 행동 가르치기, 좋은 말을 해 주기, 지적 자극 주기 등이 있겠지만 '아이와 자주 웃기'와 같은 아주 단순한 것만 지켜도 얼마든지 행복한 육아가 가능합니다. 마찬가지로, 건강한 몸을 유지하기 위해 복잡하게 할 것들이 있습니다. 이를테면 아이와 같이 자주 움직이고 하루에 30분 이상 햇볕을 쬐고 자기 전에 호흡만 잘해도 기본 체력은 충분히 유지할 수 있습니다.

마음 약국의 첫 번째 기둥인 체력을 유지하고 증진하는 방법은 생각보다 어렵지 않습니다. 가장 중요한 것은 체력을 지키겠다는 마음가짐입니다. 체력이 정신력과 뇌력까지 연결됨을 잊지 말고 오늘 당장 할 수 있는 방법부터 시작해 봅시다.

마음 약국의 두 번째 기둥은 지력입니다. 지력, 글자 그대로 풀면 '지적 능력'이니 지식을 많이 쌓는다는 말일까요? 아닙니다. 여기서 지력은 세상에서 말하는 지식이나 학력과 아무 상관이 없으며 마음 약사로서 알아야 할 부분을 일컫습니다. 무엇을 알아야 할까요? 문제가 생겼을 때 다른 사람과 타협하거나 합의하여 같이 해결하는 건 무척 중요하지만 '나'만이 해야 하는 부분도 분명히 있습니다. 이것을 알고 행하는 것이 필요함을 아는 게 '지력'입니다.

마음을 혼란스럽게 하는 선행 요인, 즉 스트레스는 매일 발생합니다. 이에 대해 지력이 높은 사람들은 아래와 같이 생각합니다.

＊ 스트레스 자체를 없앨 수는 없지만, 그 스트레스를 어떻게 해석하느냐는 우리가

하기 나름이다.

* 해석을 한다는 건, 스트레스 사건에서 최대한 긍정적인 측면을 뽑아낸다는 것이다.

스트레스를 없애기도 힘들고 그 영향을 안 받을 수도 없습니다. 그렇다면 영향을 최소화하는 방법밖에 없습니다. 아무리 깊은 물가에 있어도 발만 담그고 있는 한 일어나서 집으로 돌아올 수 있듯이, 스트레스에 '잠식'당하지만 않으면 반드시 다시 일어날 수 있고 다시 삶을 되돌릴 수 있습니다.

최대한 긍정적인 측면을 찾아야 하는 이유는 스트레스 자체가 '부정적'이기 때문에 '긍정적'으로 생각해서 물 타기를 해야 하기 때문입니다. 생각에 물 타기를 하면 감정도 희석됩니다. '생각=감정'이라 할 정도로 둘은 붙어 다니니까요. 즉 기쁜 생각을 하면 감정도 즐겁고 두려운 생각을 하면 감정도 무겁게 가라앉습니다. 마찬가지로, 두려운 생각을 희석하면 감정도 가벼워집니다.

긍정적인 측면을 찾는다고 해서 갑자기 문제가 해결되는 건 아닙니다. 이 때문에 '긍정적 태도'에 속았다고 하는 사람들이 있습니다. 하지만 이는 긍정적 태도를 세상 모든 문제를 해결해 주는 마법처럼 여겨서입니다. 긍정적 태도는 그런 식의 마법이 아닌, 당신 스스로 해결책을 다시 찾아보도록 하는 마법이라고 할 수 있습니다. 해답은 스스로가 찾아야 하는데 스트레스가 심하면 의욕이 저하되고 무기력해집니다. 이때 긍정적 생각을 하기 시작하면 마음을 무겁게 누르고 있던 감정이 증발하면서 다시 힘을 낼 수 있습니다. 이 기제를 믿든 못 믿든 일단 해 보기 바랍니다. 긍정적으로 생각하는 습관을 들이면 그런 습관이 없을 때보다 삶이 훨씬 가뿐해집니다. 가뿐해지면 터닝 포인트를 찾기가 쉽습니다.

긍정적인 측면을 '찾기'가 아니라 '뽑아내기'라고 쓴 이유는, 이게 생각보다 쉽지 않아서 억지로라도 뽑아야 한다는 의미를 강조하기 위해서입니다. 긍정적으로 생각하기가 자동적으로 되는 게 아니라는 뜻입니다. 특히 엄마라면, 아이가 아픈 상황 같은 경우에 긍정적으로 생각하기가 쉽지 않습니다. 아이가 아프면 대부분의 부모들은 죄책감, 불안감 등 부정적인 감정까지 느끼게 되어 만사가 무력해지기 때문입니다.

병원에서 근무할 때 친하게 지내던 수간호사님의 이야기를 들려 드리겠습니다. 늘 만면에 웃음을 짓고 쾌활하게 살던 분으로, 아들이 5학년 때 주말에 1박 2일로 지방에 워크숍을 다녀왔어야 했다고 합니다. 돌아오는 날, 아이를 봐 주시던 분이 급한 사정이 생겨 예정된 시간보다 30분 정도 일찍 떠났고 그 사이에 단지 내 놀이터에서 놀던 아이의 팔이 골절됐습니다. 지금처럼 아이들이 핸드폰을 소지하던 때가 아니었기에 사고를 당한 순간 아이는 가족에게 연락도 못 한 채 아픈 팔을 부여잡고 있었고 다행히 아이를 발견한 주민이 119에 빨리 연락했습니다. 연락이 닿은 엄마가 창백한 얼굴로 병원 응급실에 도착했을 때 아이는 기본 치료가 이미 끝났고 입원 대기 중이었습니다. 이 아이가 119 구조대에 "우리 엄마가 간호사예요. 우리 엄마 병원, 고대 병원으로 가 주세요"라고 했다는군요. 집에서 차로 10분 거리인 데다 대학 병원이니 구급대원들도 즉각 데려갔고요. 응급실에 도착해서는 "우리 엄마가 수간호사예요. 지금 지방에서 올라오고 있어요"라고 말했고 마침 수간호사님과 친했던 응급실 간호사님이 아이를 알아보고 옆에 계속 있어 주면서 조속히 연락도 취했답니다. 수간호사님의 아이가 아니었어도 혼자 응급실에 온 초등학교 5학년 아이를 누가 정성껏 돌보지 않았겠습니까.

월요일에 소식을 듣고 문병을 간 '엄마'인 병원 직원들이 깁스를 하고 누워 있는 아이를 보며 죄다 눈물을 흘렸습니다. 엄마가 집을 비운 사이에 아이가 다치는 일처럼 마음이 찢어지는 경우도 없습니다. 정말 피눈물이 나는 상황인지라 모두 동병상련의 마음을 느꼈던 것입니다. 하지만 아이의 엄마는 여전히 미소를 지은 채 "이러려고 내가 간호사를 했나 봅니다. 몇 번이나 병원을 그만두려 했는데 그러지 않길 잘했지 뭐예요. 다행히 심한 골절은 아니래요. 아이들은 호전도 빠르고요"라고 쾌활하게 말하며 오히려 우리를 다독였습니다. 아이가 완쾌된 후 식당에서 그분을 다시 만났을 때 아이의 안부를 물으며 엄마가 없을 때 사고 나면 그렇게 대처하라고 가르쳤냐고 물었습니다. 그랬더니 한 번도 대처 방법을 알려 준 적이 없었고 예전에 두드러기가 나서 응급실에 데리고 왔을 때 본 게 있었던 모양이라고 했습니다. 본인도 이번에 아들의 대처를 보면서 놀랐고 아이가 좀 산만해서 늘 걱정이었는데 이제 아무 걱정이 없다고 기뻐했습니다. 그러면서, 아이가 병원에 실려 가면서도 팔이 아픈 것보다 '엄마 없을 때 혼자 놀러 나가서 다쳤다고 야단맞을까 봐' 조마조마했다면서 또 활짝 웃었습니다. 이토록 귀엽고 순진무구한 아이가 어떻게 그토록 용맹하고 침착하고 지혜롭게 대처할 수 있었던가 궁금했는데, 매일 보게 되는 엄마의 쾌활하고 긍정적인 모습 때문이라는 생각이 들었습니다.

살면서 한 번도 사고가 안 일어나거나 실패를 안 하는 사람이 없듯이 좌절하기는 아주 쉽습니다. 안 좋은 일이 생겼을 때 가만히만 있어도 좌절이 되니까요. 반면 다시 행복을 찾는 사람은 좌절할 만한 상황에서도 늘 긍정적 측면을 뽑아냅니다.

'긍정적 측면 뽑아내기'의 효과를 100마디 말을 듣기보다 직접 확인하는 게 더 좋겠습니다. 아래에 엄마들이 흔히 힘들어하는 상황을 가정해 봤습니다. 각자의 상황을 넣어 연습해 보세요.

(1) 아래 표에서 "나'를 힘들게 하는 생각'을 읽어 보세요.
(2) 그 생각에 대한 기분 점수를 매겨 보세요. 10점 만점 기준이며, 1점은 최악의 기분(기분이 대단히 안 좋다), 10점은 최상의 기분(기분이 대단히 좋다)입니다.

(3) '긍정적 측면 뽑아내기'를 작성해 보세요.

(4) 기분 점수를 다시 매겨 보세요.

| 긍정적 측면 뽑아내기 |

'나'를 힘들게 하는 생각	기분 점수	긍정적 측면 뽑아내기	기분 점수
아이가 팔을 다쳐 응급실에 갔다는 연락을 받았다.			
나만 승진이 되지 않아 속상하다.			

각자 작성해 보셨나요? 그리고 기분 점수를 매겨 보셨나요?

다음 표에서는 '긍정적 측면 뽑아내기'의 예시를 적어 보았습니다. 예시들이 각자의 상황과 딱 맞아떨어지지는 않겠지만 이런 식으로 생각한다면 기분 점수가 어떨지 다시 기록해 보세요.

'나'를 힘들게 하는 생각	기분 점수	긍정적 측면 뽑아내기	기분 점수
아이가 팔을 다쳐 응급실에 갔다는 연락을 받았다.		* 걱정했지만 심각한 상태가 아니라니 다행이다. * 열도 없고 잠도 잘 자니 금방 회복될 거다. * 많은 사람들의 도움으로 금방 병원에 도착해 치료받게 되어 행운이다. * 이렇게 한 번씩 다치면서 크는 거다. * 내 아이만 아픈 게 아니고 부모가 잘못해서 아픈 것도 아니다. * 이번 일을 계기로 아이도 조심해야 한다는 것을 배웠을 것이다. * 옆에서 간호하며 아이와 더 많은 시간을 보내고 더 많이 사랑해 줄 수 있어서 감사하다.	
나만 승진이 되지 않아 속상하다.		* 지난번에는 승진했지. 오르내릴 때가 있는 거다. 승진을 못 했다고 내 능력이나 경력이 무효가 되는 건 아니다. * 그들의 기준은 어떨지 몰라도 나는 이 일을 사랑하며 자부심을 갖고 있고 계속 노력할 것이다. * 하지만 합리적인 기준에서 나온 결과인지 인사팀에 물어는 보자. * 납득할 수 없다면 차츰 이직 준비를 해야 할 수도 있다. 어쩌면 이 직장이 나와 안 맞는 곳일 수도 있다. * 나의 상황을 돌아볼 수 있는 기회가 생겼다는 사실이 감사하다. * 주말에는 짧은 가족 여행이라도 다녀오자. 가족이 건강한 게 가장 감사하다. * 건강하기만 하면 기회는 반드시 있다.	

어떻습니까. 처음보다는 기분 점수가 높아졌을 겁니다. 그러면 된 겁니다. 여전히 무섭고 걱정되지만 한결 차분하게 그다음 일을 할 수 있습니다. 아이가 빨리 낫도록 잘 간호하면 되고 다음번에는 승진할 수 있도록, 혹은 아예 직장을 바꿀 수도 있는 계획을 세우면 됩니다.

앞의 표에서 기분 점수가 더 높았다면, 즉 당신의 '생각 바꾸기'가 기분을 더 좋게 만들었다면 높은 지력을 갖고 계시네요! 그 지력을 평생 유지하기 바랍니다.

'긍정적 측면 뽑아내기'는 지력이 높은 엄마들이 취하는 한 가지 방법에 불과합니다. 이들이 평소 스트레스 상황에서 어떤 식으로 생각하고 대처하는지 좀 더 살펴봅시다.

첫 번째, 긍정적 측면을 뽑아내는 일에 앞서 애초부터 부정적인 생각들에 휘둘리는 걸 경계합니다. 늘 부정적인 태도로 남을 비방하기 좋아하는 사람들과 가깝게 지내지 않습니다. 단, 합리적인 비판은 받아들입니다.

두 번째, 마음의 평화를 방해하고 자신감을 떨어뜨리며 열등감을 촉발하는 생각들을 알아차리고 침입하지 못하도록 막습니다. 엄마들이 많이 하는 비합리적 생각들을 살펴본다면 '좋은 엄마여야 해', '아이에게 화를 내면 형편없는 엄마야', '아이가 아프게 된 건 내가 잘못해서야', '늘 현명하게 행동해야 하고 작은 실수도 하면 안 돼', '사랑하는 사람들과는 싸우면 안 돼' 등의 육아와 부부 생활을 완벽한 수준으로 이상화하는 내용들이 많습니다.

하지만 지력이 높은 사람들은 그런 생각들에 대해 '정말?', '진짜?'라는 마음 필터를 가동합니다. '그게 가능해? 가능하다 쳐도 이게 내 인생에 득이 되나?'라고 '반박'하고 '에이, 의미 없다'라고 하면서 가차 없이 아웃시킵니다. 그래도 그런 생각들이 사라지지 않으면 '거리 두기' 방법을 씁니다. 앞에서 보았던 '마음 챙김 호흡법'과 유사한 방법입니다. 예를 들어 '나는 능력이 없어'라는 생각을 하고 있다면 '나는 능력이 없다고 생각하는구나'라고 거리를 두는 겁니다. 능력이 없다는 것과 없다고 생각하는 것은 다르니까요. 이 차이를 아시겠나요? 그러고는 자신이 잘하는 것을 찾아 즐겁게 몰입하고 계속 업데이트합니다.

세 번째, 문제 해결 상황에서 감정적으로 대처하지 않고 해결책을 찾는 데 집중합니다. 사람들은 스트레스 상황에서 보통 4가지의 대처 방식을 보입니다. 힘들다고 푸념하고 화내는 '정서 중심적 대처', 잘 해결되기를 소망하고 기도하는 '소망 추구적 대처', 타인의 도움과 지지를 촉구하는 '사회적 지지 추구적 대처', 문제를 해결하는 데 집중하는 '문제 중심적 대처'입니다. 각 대처 유형이 나름의 가치가 있으며 특히 '정서 중심적 대처'는 정서적 고통을 해소하고 사회적 지지를 통해 정서를 조절한다는 면에서 반드시 필요한 과정입니다. 다만, 정서적 해소에만 집착하다 보면 '문제 해결'에서 오히려 멀어지게 되므로 주의가 필요합니다. 문제 중심적 대처를 할 때 가장 빠르면서도 효율적으로 해결할 수 있습니다.

하버드 로스쿨 졸업 후 뉴욕의 변호사로 승승장구하던 이브 로드스키 Eve Rodsky 는 출산 후 남편이 육아와 가사를 자신에게만 일임하고 심지어 냉장고에 블루베리가 없다고 불평까지 하자 분노가 치밀어 차 안에서 왈칵 눈물을 흘렸습니다. 하지만 그녀는 '정서 중심적 대처'를 탈피하여 집안일 100가지를 적은 카드를 만든 후 부부가 자신이 뽑은 카드에 적힌 일을 책임지고 완수하도록 하는 아이디어를 냈습니다. 결과는 대성공이었습니다. 그녀는 '남편이 카드 한 장을 가져갈 때마다 일주일에 8시간을 더 확보하게 된' 과정을 《페어 플레이 프로젝트》에 낱낱이 공개했습니다. 〈포브스〉가 선정한 '2020 올해의 책'일 만큼 미국에서 큰 반향을 일으켰던 이 책은 '미국 엄마' 특유의 '문제 중심적 대처'를 잘 보여 줍니다.

'프랑스 엄마'는 미국 엄마와 좀 다른 분위기입니다. 한때 엄마들 사이에 굉장히 인기가 있었고 지금도 여전히 많은 관심을 받는 프랑스식 육아법이 있습니다. 이 분야의 대표 도서인 《프랑스 아이처럼》은 '엄마가 아이를 위한 무조건적인 희생을 강요받지 않는 육아법'으로 소개되는데요. 온정적이고 따뜻하다 못해 질척거리기까지 하며 엄마 자신의 삶을 포기해야 하는 것 같은 한국식 육아와 달리, 프랑스식 육아는 상당히 쿨해 보여 한국 엄마들이 좋아했던 것 같습니다. 책의 뒷부분에서는 남편과의 갈등에 대처하는 방식을 살짝 엿볼 수 있는데요. 프랑스 엄마들은 꼬치꼬치 물으면 어쩔 수 없다는 듯 남편에 대한 불만을 말하긴 하지만 보통은 남편의 실수를 얘기할 때 그가 얼마나 '사랑스럽게' 서투른지 비웃는 식으로 말한다고 합니다. 남자를 육아에 영 소질이 없는 '다른 종족'처럼 생각하면서 말이죠. "남자들은 그냥 능력이 안 되는 거예요"라고 표현하면서 마치 엄마들이 자식 흉을 보지만 실제로는 애정을 갖고 있는 것처럼 대한다는 겁니다. 이 책의 저자 파멜라 드러커맨Pamela Druckerman은 프랑스 여성들의 방식이 "미국의 강경 페미니즘과는 양상이 다르며 상황을 한결 매끄럽게 만들어 준다"라고 표현했습니다. 물론 미국과 프랑스 역시 문화 차이가 있으니 어느 방식이 더 좋고 안 좋고의 이야기가 아닌, 그저 프랑스 엄마의 '문제 중심적 대처'를 눈여겨봐 주시면 되겠습니다.

다양한 나라의, 다양한 사람들의 대처 방식을 눈여겨보고 벤치마킹도 해 가면서 당신의 지력에 걸맞은 '문제 중심적 대처법'을 찾아내기 바랍니다. 쉬운 일은 아니겠죠. 부부 문제의 해결이 한쪽에서만 '북 치고 장구 치고' 해서 될 일은 아니니까요. 조금 전에 언급한《페어 플레이 프로젝트》가 북미에서 큰 반향을 일으켰던 데에는 '북 치는' 아내에게 '맞장구치는' 남편이 있기에 가능했을 겁니다. 하버드 대학교 심리학과 교수였던 조던 B. 피터슨Jordan B. Peterson은《질서 너머》에서 배우자와 낭만을 오랫동안 유지하려면 가사를 관리하는 전략과 협상이 불가피하다고 하면서 이를테면 '누가 침대를 정돈할지' 확실하게 정해야 한다고 했습니다. 세계적 지식인인 '아빠'가 이런 말을 한다면 사회 전반에도 이를 수긍하는 분위기가 형성되기가 쉬울 것입니다. 그렇다면 프랑스 아빠들은 어떻게 '맞장구'를 칠까요? 그들은 집안일의 세부 사항을 '너그러운' 아내의 관리와 명령에 따라 수행하되 잘 안 되면 "당신은 잘하는데 나는 도저히 못 하겠어"라고 아내의 업적을 칭송하면서 넘어간다고 합니다.

한국 아빠들은 북미식 전략이 맞을까요, 프랑스식 전략이 맞을까요, 혹은 특유의 한국식 전략이 있을까요?(저는 아직 모르겠습니다) 무엇이든 일찌감치 전략을 정해야 결혼 생활의 '문제 중심적 대처'에 빨리 이르러 낭만을 유지할 수 있을 것입니다.

네 번째, 모르는 건 모른다고 인정하고 수용할 건 즉시 수용합니다. 지력이 높은 엄마들은 모르는 것을 아는 척하지 않고 직접 경험하고 고민하여 결정하려 하며 '카더라' 식 정보에 휩쓸리지 않습니다. 존경스러운 사람의 말이라도 앞뒤가 안 맞으면 받아들이지 않습니다. 단, 타당한 근거를 갖고 있는 합리적인 사항은 즉시 수용합니다. 그 결과, 불필요한 시간 소모나 에너지 소모를 하지 않기에 감정적 동요가 적어 정말로 꼭 해야 하는 일에 전념할 수 있습니다. 역설적으로 들릴지 모르겠지만 진짜 '지력'은 모든 것을 다 알려 하고 관여하기보다 불필요한 것들은 과감히 무시하고 자신이 잘할 수 있는 것을 '선택'하고 '집중'하는 힘이 아닐까 생각합니다. 육아로 가뜩이나 자기 시간을 갖기 힘든 엄마들이 참다운 지력을 행사한다면 간절히 꿈꾸고 바라던 삶을 앞당길 수 있을 것입니다.

앞서 '긍정적 측면 뽑아내기', '열등감을 촉발하는 생각들을 알아차리고 침입하지 못하도록 막기', '감정적으로 대처하지 않고 해결책을 찾는 데 집중하기' 등의 얘기를 했습니다. 하지만 이런 말이 '말처럼' 쉽지 않다는 건 다들 경험해 보셨을 겁니다. '그렇게 하면' 좋다는 것을 알기에 노력해 보려 하지만 감정이 동하지 않으면 썩 내키지 않습니다. 감성은 어떤 것의 실행을 위한 핵심 동력인 동시에 삶의 완결성을 위한 필수 요소입니다. 바람직한 삶의 한 가지 모습으로 '감성 충만한 삶'이 거론되듯이 말이죠. 아무리 이성적으로 잘 대처하고 성공한 듯이 보여도 감성적으로 만족스럽지 않으면 뭔가 미흡하게 여겨진다는 뜻이겠지요.

'감성 충만한 삶'의 정의는 각자 다르겠지만 대체로 '행복하고 즐거운 기분을 느끼면서 타인을 배려하고 공감하며 유대감을 느끼는 삶'을 말하지 않을까 싶네요. 부정적인 감성으로 충만하다는 의미는 절대로 아닐 것입니다. 그렇다면 위의 정의대로 행복하고 즐거운 기분을 많이 느끼고 유대감을 느끼는 삶을 살면 되지 않을까요? 말장난 같지만 엄연한 사실입니다. 감성 충만한 삶을 살 수 있는 방법을 하나씩 살펴보죠.

첫 번째, 행복하고 즐거운 기분을 불러일으키는 일을 많이 하세요. 즐거웠던 추억을 회상해도 좋고 미래의 행복한 모습을 떠올려도 좋지만 가장 효과가 좋은 것은 바로 지금, 즐거운 활동을 하는 것입니다. 영화 보기, 맛있는 음식 먹기, 친구와 수다 떨기, 음악 듣기 등 할 일은 무궁무진합니다. 오히려 자신이 무엇을 하면 즐거운지 모르는 게 문제입니다. 버킷 리스트만 작성하지 말고 '즐거운 일 목록'도 반드시 작성해놓기 바랍니다. 물론 이 2개가 겹치는 사람도 있겠지만요.

목록을 작성해 놓아야 하는 이유는, 우리가 기분이 나쁠 때 즐거운 일이 잘 생각나지 않아서입니다. 보통 기분이 나쁠 때는 마치 우산 없이 비를 맞듯이 그 기분에 매몰되지 않던가요? 비련의 주인공이라도 된 양 하염없이 처지지 않던가요? 그러다 보면 부정적인 생각만 잔뜩 하게 되고 또다시 기분이 나빠지는 악순환에 갇힙니다. 이 연결 고리를 끊는 비결은 상반되는 기분을 느끼게 하는 일을 하는 겁니다. 감정은 힘이 매우세서 한 번 부정적인 방향으로 흐르면 자동적으로 그 방향이 바뀌기가 매우 어렵습니다. 감정보다 더 우위에 있는 존재, 즉, 감정의 주인공인 우리가 적극적으로 방향을 바꿔 줘야 합니다. 아이가 울 때 가만히 내버려 두면 더 악을 쓰고 울잖아요. 그럴 때 부모는 아이를 안아 맛있는 음식을 주거나 재미있는 것들을 보여 주면서 주의를 분산시킵니다. 이렇듯 부정적인 감정에 빠져 있는 자신을 아이 다루듯이 주의를 분산시키기 바랍니다. 주의를 분산하기만 해도 기분이 어찌나 빨리 바뀌는지 사람이(자신이) 좀 '가볍다'라는 생각이 들 정도입니다.

기분이 나쁠 때는 냉장고 앞으로 가는 걸로 정합시다. 그 냉장고에 미리 부착해 놓은 '나의 즐거운 일 목록'을 읽고 행하세요. 혼자 집에서 할 수 있는 일, 누구와 같이해야 하는 일, 밖에서 할 수 있는 일, 돈 좀 들여야 할 수 있는 일 등으로 세분해 놓으면 훨씬 효과적이겠죠. 냉장고 문을 보는 걸 까먹고 바로 문을 열어 버릴 가능성에 대비하여 좋아하는 음식을 미리 비치해 놓는 것도 좋겠습니다.

'1일 1 즐거운 일' 하기를 오늘의 목표 중 하나에 포함합시다. 드라마를 볼 수도 있고 남편과 치맥 한잔할 수도 있고 아이와 깔깔대고 웃을 수도 있으니 그리 어려운 목표는 아닙니다. 자기 전에 '오늘 즐거운 때가 있었나?' 자문해 본 후 한 번도 없었다면 하회탈처럼 웃는 표정이라도 지으세요. 뇌는 '주인님이 즐거운가 보다'라고 판단하고 좋은 호르몬을 보내 숙면을 도와줄 겁니다.

두 번째, 유대감 느끼기입니다. 한나 크리츨로우는《운명의 과학》에서 심장마비 이후의 회복 여부가 인적 네트워크와 우정의 강도에 달려 있다는 흥미로운 연구를 소개하면서 포옹이나 애정이 담긴 신체적 접촉이 '행복 호르몬'인 엔도르핀을 생산한다고 했습니다. 또한, 꼭 신체적 접촉을 하지 않더라도 같이 노래를 부르거나 마라톤을 뛴다든지 친구들과 공감하며 따뜻한 눈빛을 주고받으며 대화하기만 해도 좋은 신경 화학 물질이 분비된다고 했습니다.

하지만 이런 얘기가 남의 집에서나 일어나는 일 같다고 느끼는 엄마들도 있을 것입니다. 애를 키우다 보면 친구를 한번 만나기도 어려우니까요. 예전에 친한 친구였는데 결혼 후 뭔가 격차가 느껴지면서 왠지 만나기 껄끄러울 때도 있고요. 예전에 친했다고 계속 친해야 한다는 법은 없으니 '지금' 가장 마음이 맞는 사람과 좋은 관계를 유지하기 바랍니다. 직장 동료일 수도 있고 선후배일수도 있고 옆집 아이 엄마일 수도 있으니 오픈 마인드를 가져 봅시다.

사람들과 직접 만나지 못해도 마음속으로 그들을 떠올리고 안녕과 평화를 빌어 주기만 해도 유대감을 가질 수 있습니다. 기독교나 천주교 쪽의 도고기도, 불교 쪽의 자비 명상을 하는 사람들이 행복감이 높고 사회적으로 연결돼 있다는 느낌을 받는다는 연구 결과에서도 증명된 사실입니다. 저명한 뇌과학자인 대니얼 J. 레비틴Daniel J. Levitin은《석세스 에이징》에서 생각지도 못했던 방법으로 유대감을 가질 수 있다고 했는데요. 그것은 바로, 음악입니다. 그는 음악을 들으면 파티나 공연장, 집회 등에서 사람들과 상호작용을 하는 연상이 되고 실제로 뇌도 사회적 상호작용을 할 때처럼 활성화된다고 했습니다. 심지어 음악을 듣는 것만으로도 외로움을 줄일 수 있다고 했습니다. 어쩌면 아이가 공부할 때 음악을 듣는 게 '함께' 공부하고 싶어서일지도 모르겠습니다. 음악을 들을 때 주의가 분산되어 집중력이 떨어질 수도 있지만 '친구 옆에서' 공부한다는 생각이 들어 오히려 오래 앉아 있을 수도 있으니 부모가 일방적으로 금지할 수는 없겠습니다. 이 외에도 기분을 안정시키고 즐겁게 살 수 있는 방법은 정말 다양합니다. 나쁜 기분이 저절로 좋아지기 힘들다는 것, 다른 사람이 기분 좋게 만들어 주는 건 더욱 어렵다는 것을 알고 스스로 적극적으로 방법을 찾아 감정의 주인공 노릇을 잘해 보도록 합시다.

이상의 방법으로 좋은 감정을 대체로 잘 유지할 수 있다고 확신하지만 기껏 좋은 감정에 이르렀어도 다른 사람이 기분 나쁜 말을 하면 순식간에 가라앉죠. 아이가 풍선을 들고 즐거워하는데 누군가 돌을 던져 풍선을 터뜨리는 것처럼요. 인간의 스트레스의 대부분이 대인 관계에서 비롯된다고 할 수 있을 정도로 다른 사람의 언행이 우리의 행복감에 미치는 영향이 너무나 크기 때문에 이런 부분을 어떻게 해결할지가 상담실에서도 늘 어려운 문제이긴 합니다.

우리가 기분이 나빠졌을 때를 가만히 되돌아보면 다른 사람이 우리 신경을 건드린 경우가 대부분입니다. 그에게 사과하라고 요구하거나 원인을 파악하여 서로가 윈윈win-win 할 수 있는 방법을 찾아보는 건 당연하다 하겠는데, 여기서는 이 책의 목표인 '스스로 문제를 해결하는' 쪽을 좀 더 들여다보려 합니다. 비유로 말해 보자면, 지금 어떤 사람과의 관계에서 '불'이 났는데 '소방수'의 역할을 '내가' 해 보자는 겁니다. 상대방에게 사과하라고 하는 건 그에게 소방수 역할을 주는 것인데 이게 참 안 될 때가 많으니까요.

대인 갈등에 깔린 심리적 흐름을 풀어 보면 '먼저 나를 건드린 사람이 있었고 나도 참지 않겠다'라는 의미가 깔려 있을 겁니다. 그가 '먼저' 나를 쳤고 그러면 '나도' 똑같이 갚아 준다는 거죠. 이 흐름을 한번 끊어 봅시다. 그의 '부정적인' 언행에 똑같이 '부정적으로' 대하는 게 아니라 '긍정적으로' 받아 보자는 거죠. 소방수가 물을 뿌려 불을 진화하는 것처럼요. 긍정적으로 받아 보자고 해서 너무 겁먹을 필요는 없습니다. 전재산을 주자는 것이 아니고 그저 말 한마디 긍정적으로 하자는 거니까요. 처음 한 번 하기가 자존심이 좀 상하는 것 같아서 그렇지 한 번이라도 이렇게 흐름을 바꾸면 긴장과 분노의 감정이 줄어들고 생각지도 못한 방향으로 일이 풀립니다. 그저 '예스'를 잘하기만 해도 삶이 마법처럼 바뀌기도 합니다.

뷰티 컨설턴트이자 화장품 회사의 팀장인 40대 여성 A씨의 사례를 소개합니다. 그녀는 '시어머니 스트레스' 때문에 힘들어하며 이렇게 말했습니다.

"시어머니가 시도 때도 없이 직장에 전화해요. 당신 아들 귀한 줄이나 알지, 저도 회사에서 엄연한 팀장인데 아무 때나 전화해서 이거 해라 저거 해라 하니 남편 때문이 아니라 시어머니 때문에 이혼할 판이에요. 당장이라도 그만 좀 하시라고 말하고 싶은데 그럴 수도 없으니 스트레스 받아서 미치겠어요. 회사 스트레스도 산더미인데 어떻게 가족이랍시고 도움은 못 줄망정 스트레스를 더 얹기만 하냐고요."

저는 '그만하라고 말하고 싶은데 그럴 수 없는' 이유가 무엇일지 궁금하다고 했습니다. 그녀는 급할 때마다 시어머니에게 아이를 맡겨 왔는데 기분이 상해서 아이를 안 봐 준다고 할까 봐 가장 겁이 난다고 했습니다. 회사에서 팀장까지 올라갔으니 만약 아이를 안 봐 준다면 지금까지의 모든 성취가 중단될 판이라고 했습니다. 실제로 아이가 태어난 후 3년까지는 시어머니가 도맡아 키워 주셨다고 합니다. 그런데 좀 더 깊은 대화를 나누던 중 시어머니가 변호사인 아들에 비해 A씨네 집안이 너무 기운다는 이유로 결혼을 강력하게 반대했지만 남편의 설득과 자신의 노력으로 흔쾌히 물러섰고, 신혼집을 살 때 큰돈을 내놓았으며, 무엇보다 자신의 딸을 진심으로 아껴 주시는 데서 고마운 마음도 섞여 있다는 것을 알게 되었습니다. 늘 부정적으로만 느꼈던 시어머니에 대해 긍정적인 면도 있음을 처음으로 자각한 것입니다. 이제 본격적으로 해결책을 찾을 준비가 된 겁니다.

그녀의 인생에서 소중한 것 5개를 꼽아 보라 했더니 아이, 남편, 돈, 직장, 외모라고 말했습니다. 그다음, 시어머니의 행동 중 마음에 들지 않는 것을 말해 보라고 했더니 아이 일상에 간섭하는 것("내일부터 장마철이라더라. 꼭 긴팔을 입히고 레인코트를 입히렴. 가디건은 축축해져서 안 된다."), 명절 모임이나 기타 가족 모임을 꼭 본인이 정해야 한다는 것("무슨 일이 있어도 그날 내려와야 한다."), 심지어 미신을 강요한다는 것("간밤에 꿈자리가 사나웠다. 오늘은 동쪽 방향으로 절대로 가면 안 된다.") 등을 포함하여 10여 개의 불만을 얘기했습니다. 그때마다 퉁명스럽게 답하거나 무시하거나 심지어 남편에게 화풀이를 하니 집안 분위기가 아슬아슬했죠.

저는 시어머니의 언행 중 그녀가 소중히 여기는 것들에 나쁜 영향을 미치거나 큰 지장을 끼치지 않는 부분에 대해서는 다 '예스'를 해 보라고 했습니다. 그녀는 사소한 상황에서는 상대방에게 주도권을 넘겨주는 것이 핵심이라는 설명을 들었을 때도 의아해했지만, 시어머니가 입히라는 옷을 딸에게 입히면 "당신이 소중히 여기는 돈이 없어지나요? 미모에 타격이 오나요? 직장에서 잘리나요? 딸이 잘못되나요? 남편과 사이가 안 좋아지나요?"라고 질문했을 때 모든 것을 이해했습니다. 그리고 행동으로 옮겼습니다. 그녀는 원래 화통한 성격이었기에 한번 실행하고

자 마음먹은 후에는 거침이 없었습니다. 이 과정을 표로 제시해 보겠습니다.

| '예스' 과정 | |

평소 시어머니의 말	평소 A씨의 말과 행동	변화된 A씨의 말과 행동
꼭 긴팔을 입히고 레인코트를 입히렴.	어머니, 요즘 애들은 자기가 입고 싶은 대로 입는다고요. ➡ 시어머니의 말을 단박에 거부함.	네, 그럴게요. ➡ 시어머니의 말을 수용하고 그대로 입힘.
반드시 그날 내려와야 한다.	아니, 갑자기 말씀하시면 어떻게 해요? 이쪽도 사정이 있는데…. ➡ 시어머니의 말을 단박에 거부함.	네, 그러지요. ➡ 시어머니의 말을 일단 수용한 후 부득이한 경우 재타협함.
오늘은 동쪽 방향으로 절대로 가면 안 된다.	아니, 어머니 생각은 자유지만 그런 미신을 강요하면 안 되죠. ➡ 시어머니의 말을 단박에 거부함.	네, 주의할게요. 걱정해 주셔서 감사해요. ➡ 시어머니의 말을 수용하되 실제로는 신경 쓰지 않음. (동쪽이 어디인지도 모름)
	결과: 갈등과 반목이 지속되어 불쾌한 기분이 오래가고 집안 분위기가 안 좋음.	결과: 갈등이 거의 없으면서도 서로 원하는 방향으로 해결책을 찾게 되고 유쾌한 기분으로 살게 됨. 집안 분위기가 좋아짐.

갑자기 '예스맨'이 되니 시어머니도 처음에는 엄청 놀라워했다고 합니다. 그렇게 한 달여를 청량한 목소리로(이게 중요합니다) "네! 네!" 하다가 결정적인 순간, 다음 주에 열릴 전체 부서 회의 준비로 야근과 주말 근무까지 해야 하는데 내려오라고 한 그때, 역시나 청량한 목소리로 "네, 어머니, 그런데 이번에는 정말 안 되겠어요. 회사에 진짜 중요한 일이 있어서요"라고 비로소 '노'를 말했습니다. 시어머니는 0.5초 정도 멈칫하더니 이렇게 말했답니다.

"안 되니까 안 된다고 하는 거겠지. 다른 날을 잡아 볼 테니 스트레스받지 말고 건강 챙기면서 쉬엄쉬엄 일하거라."

그녀의 인생에서 처음으로 '칼 들지 않고 평화롭게' 이긴 대치였다고 합니다. 이후에는 시어머니와 얘기하는 게 오히려 즐거워졌답니다. 가족들이 더 화목해진 건 당연했고요. 그야말로 삶이 마법처럼 바뀐 '예스 작전'이었습니다. 그녀가 쓴 방법은 말 한마디를 먼저 긍정적으로 바꾸었을 뿐입니다. 그럼에도 온 가족의 감성이 따뜻하고 유쾌하게 바뀌었습니다.

어떤 사람과 관계가 좋지 않더라도 긍정적인 측면을 떠올리게 되면 관계를 끊는 것만이 능사가 아님을 알게 되면서 개선의 노력을 기울일 여지가 생깁니다. 그다음, 상대방의 말을 일단 긍정적으로 수용하면 상대방도 한발 물러나게 됩니다. 어떤 사람이 말이 많다면 '날 좀 인정해 달라'라는 심리일 가능성이 높은데 그 욕구를 수용해 주면 '불'을 꺼 주게 되는 셈이 되니까요. 영화 〈파도가 지나간 자리〉에서는 이런 대사가 나옵니다.

"누군가를 미워하려면 매일같이 짜증 나는 일들을 떠올려 그 사람을 미워해야 되지만 용서는 한 번이면 돼요."

대사 중의 미움과 용서를 부정과 긍정으로 바꿔 봅시다. 부정은 계속 부정을 낳습니다. 당신이 짜증 나서 부정적 반응을 하면 상대방은 크게 화를 내면서 더 큰 부정적 태도를 보입니다. 하지만 긍정적으로 반응하면 사태는 일단 정리됩니다. 물론 당신의 마음이 잠시 불편할 수는 있습니다. 그래도 그것 하나뿐입니다. 반면 부정적 태도를 계속 보이면 당신의 불편함에 상대방의 아집과 독선의 짐까지 더해지며 사태가 점점 악화됩니다. 당신의 불편함은 나중에 A씨처럼 '결정적인 한 방의 노'로 상쾌하게 해결할 수 있습니다. 습관적으로 부정적인 태도를 보이는 사람보다 대체로 긍정적인 태도를 보이다가 '노'를 하는 사람이 원하는 것을 더 쉽게 얻을 수 있습니다.

이해를 쉽게 하기 위해 대인 관계의 예를 들었지만 자신에게도 늘 긍정적인 말로 '소방수'가 되어 주세요. 삶이 너무나 매끄럽게 흘러가 놀라게 될 것입니다.

이번에는 B씨에게 일어났던 유쾌한 이야기를 소개합니다. 그녀는 원래 회사 팀장과의 갈등에 스트레스를 받아 상담을 왔다가 '많은 예스와 결정적인 한 방의 노'의 방법을 듣고 적용하여 실제로 효과를 보자 그 매력에 홀딱 빠져 '예스'라는 말이 아예 입에 붙어 버렸습니다. 어느 날 중요한 프레젠테이션이 있어서 서둘러 버스 정류장으로 나갔는데도 막 버스가 떠났답니다. '왜 하필 오늘 이런 일이 일어나지? 늦으면 큰일 나는데'라고 조바심을 쳤지만 무심코 '예스'를 하고 싶은 마음이 들었답니다. 그래서 "예스, 나는 늦을 것 같아. 예스, 버스가 떠났어"라고 속으로 중얼거렸습니다. 기분이 살짝 나아지는 것 같았습니다. 다행히도 멀리서 택시가 다가오길래 안심했는데 택시는 그냥 지나쳤고 오히려 도로변에 고인 물을 튀기고 가는 바람에 신경 써서 입은 흰색 치마에 큰 얼룩이 생겼습니다. 그녀는 소리를 지르려다가 "예스, 버스가 떠났어. 예스, 택시를 잡으려는데 물만 튀기고 달아나 옷에 얼룩이 생겼어. 예스, 나는 늦을 것 같아"라고 중얼거렸습니다. 그러자 갑자기 웃음이 나오면서 기적같이 마음이 편해졌다고 합니다. 그다음에는 침착하게 다른 택시를 타고 가서 불 꺼진 회의실에 마지막으로 조용히 들어가서는 치마의 얼룩진 부분을 뒤로 돌려 입고 무사히 프레젠테이션을 마쳤습니다.

회의 후에는 정리하는 척 어물쩍 남아 있다가 다른 사람들이 다 나간 후 노트북으로 얼룩진 부분을 가리고 나왔다고 합니다.

이분이 저의 제자라면 청출어람이 따로 없습니다. 혼잣말을 할 때는 '예스' 대신 '오케이'라고 하면 훨씬 기분이 좋습니다. 스트레스 상황에서 쉽게 튀어나오는 '제기랄, 참 나, 이런 재수 없는' 등의 말을 하지 말고 '오케이'로 먼저 받아 보세요.

"오케이, 회사에서 비난받았어."

"오케이, 회사에서 비난받았는데 집에 오니 아이가 부엌을 난장판으로 만들어 놓았어."

"오케이, 회사에서 비난받았는데 집에 오니 아이가 부엌을 난장판으로 만들어 놓았고 하수구가 막혔어."

3~4번을 못 가 웃게 될 것입니다. '예스'나 '오케이' 같은 말이 입에 붙을 정도로 긍정적인 태도를 가져 보세요. 좋지 않은 상황도 너끈하게 처리할 수 있습니다. 무엇보다도, 감정을 안정시키고 좋은 기분으로 사는 게 이렇게 쉬웠나 생각하게 될 겁니다.

네 번째 기둥

: 영성

체력, 지력, 감성으로 똘똘 뭉쳐도 안 되는 일이 분명 있습니다. 흔한 말로, 인간으로서 할 수 있는 최선을 다했는데도 인생이 풀리지 않을 때가 있습니다. 이럴 때는 영성에 의지해야 합니다. 영혼, 운명, 신, 무엇으로 부르든요. 삶의 최종 목적과 운명의 의미 등을 생각해 보는 거죠. 인간적으로는 즐겁고 행복한 삶이 최고이고 고난은 없기를 바라지만 영혼의 차원에서 보면 고난은 삶의 완결을 위해 불가피한 거라 생각됩니다. 이겨 내기만 한다면 고난을 받기 이전보다 나은 존재가 되는 건 분명합니다. 그 모든 고난과 환희가 쌓여 결국 '내가' 되는 거니까요. 만약 과거의 아픈 기억을 다 잊게 해 주는 기적의 약이 나온다 해도 실제로 먹을 사람은 없을 겁니다. 아픈 기억도 즐거운 기억도 다 안고 가겠다고 할 겁니다. 아픈 기억일지라도 후에 지나고 보면 즐거운 기억이 될 수 있고, 앞서 말했듯 지금의 나를 만든 자양분일 수도 있으니까요.

힘들수록 삶의 의미를 생각해 보자고 했는데 부모는 이미 강력한 삶의 의미를 찾지 않았을까요? 즉 아이 말입니다. 굳이 이유를 댈 필요도 없는 '찐' 의미니까요. 아이를 키우다 보니 훌쩍 몇십 년 지나가 있는 것처럼 아이는 우리 삶을 통째로 굴러가게 만듭니다. 왜 살아야 하는지 이유를 생각해 볼 새도 없이 그냥 살게 되는 시기인데 나중에 되돌아보면 그 정신없이 치밀했던 삶의 농도 덕분에 목숨을 부지하고 견뎌 내지 않았나 싶습니다. '아이 때문에라도 아프면 안 된다'라는, 엄마만 하는 생각도 해 보며 아이 때문에 결혼을 유지하고 아이 때문에 사표를 쓰지 않고 버텨 냈는데, 즉 아이를 살린답시고 고군분투한 것 같았는데 결국은 '나 자신'을 살렸던 것임을 알게 됩니다.

육아가 힘들다 보니 만약 아이를 낳지 않았다면 더 멋지게 살 수 있지 않았을까, 더 성공하지 않았을까 하는 생각이 들 때가 있을 겁니다. 저도 그랬고요. 아이가 없었다면 좋은 점이 많았을 겁니다. 밤마다 해방의 기분을 누리면서 나 혼자 쓸 수 있는 시간이 넘쳐나 더 성공하고 자기 관리도 아주 잘했을 것 같습니다. 하지만 오만과 독선, 자기애에 빠져 인간미 하나 없고 재수 없는 사람이 되었을지도 모릅니다. 아이를 낳은 후 비로소 생명의 소중함을 온전히 알게 되었고 남의 자식들의 소중함을 알게 되었고 어쩔 수 없이 비굴하게 눈치를 보고 부탁도 하는 '인간다운 인간'으로 거듭났습니다. 이 사랑, 온통 저를 지치게 했고 상처도 크게 남았지만 생명을 낳고 지켜 낸 멋진 일을 통과하면서 분명 더 나은 사람이 되어 있었습니다. 피아니스트가 건초염에 걸렸다고 음악이 가치 없는 것이 아니듯이 육아의 힘듦이 육아의 가치를 훼손시키지는 않습니다.

개인의 영성을 건강하게 유지하려면 개인이 속한 사회나 국가의 집단 지성 또한 건강해야 합니다. EBS〈마더쇼크〉제작팀에서는 2011년에 중학생 아이를 둔 한국 엄마 10명과 미국 엄마 10명을 대상으로 '동서양 모성애'를 비교했습니다. 아이가 단어 퍼즐을 맞추고 엄마는 옆에서 지켜보는 설정이었는데 미국 엄마는 지켜보기만 하고 아이가 정답을 물어도 "말해 줄 수 없다"라면서 미소를 띠고 격려만 했던 반면, 한국 엄마는 아이가 제대로 맞추지 못하면 안타까워하고 간섭하려 하며 힌트도 주려고 했습니다. 미국 엄마는 "퍼즐 재미있네"라며 즐기는 태도를 보인 반면, 한국 엄마는 테스트를 통과한 아이가 몇 명이었는지 물어보고 아이가 살짝 정답에서 빗나가면 "이 정도는 맞는다고 할 수 있지 않나요?"라고 말하며 아까워하는 등 '죽자 살자' 식의 태도를 보였습니다.

이 실험에서 보이는 한국 엄마들의 모습은 우리에게 너무 익숙하지만 다른 나라 엄마들과 비교해 보면 확연한 특성이 눈에 띕니다. 마사 누스바움이 "미국은 분노하는 나라"라고 말한 적이 있는데 한국은 '경쟁하는 나라'인 게 분명하게 보이죠. 상당히 경쟁적인 사회이다 보니 그 안에서 살아남기 위해 일부는 '극성 엄마'가 되고 그런 곳에서 멀찍이 떨어져 있으면 오히려 '비정상'으로 보이기도 합니다. 이를테면, 아이를 자연주의적 환경에서 경쟁하지 않고 평화롭게 키우고 싶어도 주변인들이 다 '성장 중심' 사회에 살면 그런 가치관을 고수하는 게 쉽지 않습니다. 아이가 어릴 때는 가능해도 막상 초등학교 고학년만 되어도 대학 입시 준비 때문에 무리 속으로 회귀하는 경우도 많고 이미 자연의 맛을 알아 버린 아이는 뒤늦게 적응 문제를 겪기도 합니다. 한국이 '경쟁하는 나라'가 된 건 나름의 역사와 문화 때문으로 단순히 좋네, 안 좋네, 말하는 건 의미가 없습니다. 다만, 자신이 속한 사회에 어떤 건강하지 못한 면이 있는지, 그리고 그런 영향을 어떻게, 얼마나 받고 있는지는 알아야 합니다.

지금의 한국인들은 그들의 부모나 조부모 세대에 비해 공부도 많이 하고 사회적 문제의식도 높아졌지만 성과와 경쟁만 중시하던 70~80년대 가치관에서 크게 벗어나지 못한 모습이 여전히 혼재합니다. 세상을 좀 더 여유 있고 너그럽게 살도록 하는 건강한 집단 지성이 뿌리내려야 아이들도 더 행복해지고 부모들 또한 불필요한 양육 스트레스를 줄일 수 있을 것입니다. 일단은, 큰 전환이 일어나기까지는 시간이 걸리니 압박감을 유발하는 불합리한 사회 문화가 있다는 것을 알고, 그런 분위기에 어쩔 수 없이 동조할 수밖에 없더라도 개인의 선택권도 조금씩 행사해 보면서 최소한으로 스트레스를 받았으면 합니다.

심리학 실험 중 유명한 '동조 실험'이 있습니다. 심리학자 솔로몬 애쉬Solomon Asch는 실험에 참가한 피험자들에게 2장의 카드를 보여 주었습니다. 첫 번째 카드에는 직선 1개, 두 번째 카드에는 3개의 직선이 그어져 있었는데 두 번째 카드에 그려진 3개의 직선 중 하나는 첫 번째 카드에 그려진 직선과 길이가 같고, 나머지 2개는 다른 길이였습니다. 피험자의 과제는 3개의 직선 중 첫 번째 카드와 길이가 같은 것을 고르는 것으로 너무 쉬워서 틀릴 수가 없는 과제였습니다. 그런데 애쉬는 가짜 피험자들을 피험자들 사이에 몰래 집어넣고 피험자가 맞는 직선을 골라내면 사전에 짠 대로 자신 있는 목소리로 동일한 오답을 말하게끔 했습니다. 그러자 놀랍게도 대다수의 피험자들이 가짜 피험자들이 우기는 직선을 답으로 제시하였습니다. 처음에는 가짜 피험자들의 답변에 의아해하면서 망설이는 모습을 보이기도 했지만 결국에는 자신의 의견을 강하게 내세우는 사람의 의견에 동조했습니다. 집단 압력이 얼마나 무서운지를 보여 주는 실험입니다.

한국 사회에도 동조 압력이 강하다고 생각합니다. 무리의 의견에 따르지 않고 소신껏 사는 사람을 소외시키는 분위기가 있습니다. 개인적인 육아만으로도 힘에 부치는데 맘 카페나 부모 모임에서의 동조 압력까지 있게 되면 스트레스가 더 커지겠죠. "싫으면 나가면 되지"라고 단순히 말할 수는 없습니다. 너무 사소한 예이지만, 새 학기마다 가정 통신문으로 촌지 근절이나 학부모 모임에서 회비를 걷지 말라는 내용이 안내되곤 합니다. 하지만 내부적으로는 여전히 돈이 거두어지죠. 세상에 돈 없이 돌아가는 활동은 없으며 특히 우리나라는 경조사에도 돈으로 마음을 전할 정도니까요. 옳지 않다고 생각해도 돈을 내지 않을 경우 예상되는 여러 가지 곤란한 상황 때문에 어쩔 수 없이 동조할 수밖에 없습니다. 이를테면 기말고사나 수련회 때 엄마들이 돈을 모아 간식을 제공한다고 하면, 돈을 내지 않은 집의 아이에게 간식을 안 줄 수 없는 경우를 들 수 있습니다. 동조가 인간의 어쩔 수 없는 특성이라면 동조해야 할 그 문화와 사회가 건강해야 한다는 것, 최소한 합리적이어야 한다는 건 너무 당연하겠습니다.

하지만 한국의 사회 문화가 건강함과는 거리가 멀다는 것은 누구라도 인정할 것입니다. 특히 지금은 소득 양극화로 인한 피폐감이 엄청납니다. 전 세계 어디에서도 경제적 부에 대한 선망과 좌절은 동일하겠지만 한국은 특히 절대적 가난의 문제라기보다는 상대적 열패감의 문제가 심한 것 같습니다. 성인기 초기에 '명품 백' 장만 등으로 '트렌디'하게 시작되었던 부의 관심은 아이를 낳은 후 몇 백만 원짜리 유모차로 살짝 영역을 넓혔다가 급기야 '사는 지역'으로까지 확대되었습니다. 부자가 아니면 능력이 없는 것처럼 여겨지기도 합니다. 이러한 현실이 자식이 최고의 능력을 갖기 바라며 공부를 열심히 시켰던 한국 부모들의 치를 떨게 합니다. 앞에서도 말했듯이 한국 부모들은 자신보다 자식이 잘 살기를 바라는 마음이 굉장히 강력한데 그동안의 노력들이 물거품이 되는 것 같아 보이니 허탈하고 분노까지 생깁니다. 자식이 잘되기만을 바라며 가정과 직장에서의 온갖 스트레스를 버텨 내고 살아왔는데 '부의 사다리가 끊어졌다'라는, 생각지도 못 했던 스트레스까지 직면하게 되니 본인들이 기가 막힌 것은 말할 것도 없고 자식 걱정에 마음이 천근만근입니다. 심지어 '신성한' 교육 현장에서마저 '부모 찬스'로 유리한 고지를 차지한 사람들이 있다는 뉴스를 자주 접하면서 많은 부모의 가치관까지 흔들리는 중입니다. 원래 '부모 찬스'라는 용어는 거짓되고 불공정한 방법으로 혜택을 누리게 된 자들을 조롱하는 의미로 쓰였는데 이제는 '부모 찬스 하나 없다'라며 부모는 자식에게 미안해하고 자식은 한탄하는 지경에 이르렀습니다. (먹고살기가 너무 힘들다 보니 '잠시' 퇴행한 거겠죠?)

원칙과 상식이 준엄하게 지켜지는 사회가 먼저 되어야 사회 구성원들의 의식도 건강해진다는 것은 두말할 필요가 없습니다. 가뜩이나 할 일 많은 부모들이 더 이상 쓸 데 없는 데 힘을 뺏기지 않도록 올바른 정책이 하루라도 빨리 나오기를 너무도 갈망합니다. 다만, 그러기까지는 또 시간이 걸릴 테니 각자의 '심리적 빈곤함'이라도 먼저 다독일 필요가 있겠습니다.

《우아하게 가난해지는 법》이라는 책이 있습니다. 저자인 알렉산더 폰 쉰부르크Alexander von Schonburg 는 유서 깊은 귀족 가문 출신으로 독일 최고의 권위지인 《프랑크푸르터 알게마이네 차이퉁》의 베를린판 편집자이자 칼럼니스트로 활약하다가 언론계 구조 조정으로 직장을 잃었다고 합니다. 하지만 영락의 길을 걷는 가문의 모습을 보고 자라며 가난해지는 연습을 했기에 의연함을 잃지 않고 차분하게 대처하려 노력했다고 합니다. 그러면서 경제적 비참함 속에서도 자신의 존재와 품위를 잃지 않고 우아하게 살기 위한 방법을 알리고자 책을 썼다고 하는데, 우리가 잘 아는 영국의 왕세자비 다이애나 스펜서Lady Diana Frances Spencer 가 '몰락한 가문' 출신으로 유치원 교사를 지냈다는 이야기도 여기 나옵니다. 다이애나 비로 입궁하는 신데렐라 스토리에 유치원 교사 경력이 더해져 대중의 열광이 더 뜨거웠는데 알고 보니 그런 속사정이 있었더군요.

쉰부르크에게는 대단한 포도주 애호가로 크리스티 경매장에서 포도주 감정가로 일할 정도인 친구가 있었는데 오랜만에 만난 자리에서 포도주를 마시지 않더라는 겁니다. 물어보니 친구는 '더 이상 포도주를 마실 처지가 아니다, 그런 시대는 이미 지나갔다'라고 간단명료하게 설명하더니 그나마 임시변통으로 마실 수 있는 보르도산 포도주는 주머니 사정을 능가하고 싸구려 묽은 포도주는 사절한다고 하면서 이제는 '세상에서 가장 순수한 음료'인 독일 맥주와 물만 마신다고 했답니다. 쉰부르크의 책에는 그의 친지를 비롯하여 가난해진 저명인사들이 많이 나오는데 그들 중 누구도 돈이 없다는 것에 궁색한 모습을 보이는 사람은 없었습니다. 심지어 그는 아내의 친구들이 서로 옷을 물려주거나 빌려주는 '핸드 미 다운Hand Me Downs' 행사를 한다며 자랑스레 소개합니다. "요즈음은 남들에게 잘 보이려고 많은 돈을 쓰는 사람이 있으면 비웃음을 살 뿐이다"라고 하면서요. 그가 이 말을 한 게 2006년입니다. 독일에 비해 좀 늦은 것 같긴 하지만 우리도 이런 '정신적 풍요로움'을 가져 봐야 하지 않을까요?

포도주를 마실 형편이 안 되는 것에 좌절하지 않으면서도 싸구려 포도주는 사절하는 자존심을 지키면서, 자부심을 느낄 수 있는 대체 방법을 찾은 사람이라면 돈은 '없음' 상태일지 모르지만 영성은 여전히 잘 '있음' 상태입니다. 이게 참 중요하다고 생각합니다. 어떤 상황에서도 영성만큼은 고유의 기품을 잃지 않도록 하는, 그런 '자존심'만큼은 지켜야 하겠습니다. 사는 게 각박할수록 말입니다.

삶의 목표와 가치가 흔들릴 정도로 유난히 힘들 때는 아이의 존재가 끊임없이 이 질문을 던진다고 생각하세요.

"이래도 이 삶을 기어코 사랑할래?"

기저귀를 갈고 분유를 타고 주부습진에 걸려 인생이 너덜너덜해지는 듯해도, 회사에서 깨지고 다른 사람이 먼저 승진하고 연봉 인상에 실패하고 전세금이 올라서 변두리로 이사를 가도, "이래도 그 일을 계속할 거니? 네 길을 포기하지 않을 거니?"라고 아이의 모습으로 온 신이 묻는 다고 생각하고 답해 보세요. "힘들어도 너는 소중한 게 있잖아. 네 인생 에서 정말 이루고 싶은 게 있잖아?"라고 아이의 모습으로 온 운명의 천 사가 영성을 깨울 것입니다. 영성의 소리에 귀를 기울이기 바랍니다.

지금 워킹맘이라면 롤 모델을 잘 찾기 바랍니다. 아이들에게 동화 전 집을 사줄 때 위인 전집도 보통 같이 사 주죠. 그런데 이상하게 아이들 은 위인전은 잘 안 읽습니다. 어린 눈으로 보기에도 자신과 너무 동떨어 진 사람처럼 느껴져 흥미를 못 느끼는 것 같습니다. 혹시라도 곤충에 관 심이 있는 아이가 있다면《파브르 곤충기》는 재미있게 읽겠지만요.《신 데렐라》는 분명 위인전에 들어가지 않지만 아이들에게는 그 어떤 위인 보다 영향을 미칩니다. 아이들에게는 항상 '엄마가 일찍 죽으면 어떻게 하지?'라는 불안이 잠재되어 있기 때문에 신데렐라 이야기에 금방 빠져 듭니다. 그리고 이야기를 듣고 읽으면서 그녀처럼 '엄마 없이도' 씩씩하 고 멋있게 살아갈 수 있다는 희망찬 공상에 빠져듭니다. 대부분은 이런 공상이 현실이 되어 독립적인 사람으로 성장하고요. 어쨌거나, 아이가 '위인'을 롤 모델 삼아 훌륭하게 크기를 바라는 엄마의 바람은 이루어졌 습니다.

엄마들도 위인전을 다시 읽어야 한다고 생각합니다. 단, 자신의 상황과 유사한 어려움을 겪어낸 위인이어야 합니다. 아이들에게 '신데렐라' 같은, 그런 위인 말입니다. 돈 걱정할 필요 없고 아이를 전담해서 키워 주는 사람도 있어서 오롯이 자기 계발에만 몰두할 수 있었던 사람의 이 야기를 듣고 읽어 본들 무슨 영양가가 있겠습니까. 그런 사람의 화려한 경력과 삶을 따라하려고 해 봤자 입에서 쓴 맛만 나고 공연히 발만 부 르틉니다. 아이를 직접 키우면서 자격증을 땄다든지 하는, 육아 현실에 발을 풍덩 담근 채 성공한 사람의 비법을 벤치마킹하세요. 다른 사람들 의 이야기로 흥건한 소셜 네트워크에 너무 많은 시간을 내지 말고 '당신 만의 이야기'를 만드는 데 집중하고 자기 성장에 에너지를 쏟으세요.

지금 전업맘이지만 나중에 일을 할 예정이라면 힘들 때마다 그걸 다 적어 놓으세요. 그런 점을 고민하고 해결도 해 보는 모든 과정이 언젠가 큰 선물로 다가올 것입니다. 모든 직업은 결국 사람이 살아가는 데 필요 한 것들을 제공하는 것이기에 육아 경험이 큰 자산이 될 것입니다.

저의 첫 책《하루 3시간 엄마 냄새》가 엄마들의 많은 사랑을 받긴 했 지만 첫째 아이가 고1, 둘째 아이가 중1 때 출간되다 보니 육아의 가장 힘든 고개인 생후 3년, 그리고 두 번째 힘든 고개인 생후 10년까지의 일들을 머릿속 단편적인 '기억'에만 의지하여 집필해야 하는 아쉬움이 있었습니다. 상담실에서 끊임없이 젊은 엄마들의 '지금' 힘든 점을 듣지 못했다면 그 책을 완성할 수 없었을 겁니다. 지금 이 책도 마찬가지이고요. 출산 후 산후우울감을 비롯한 버거운 감정들과 힘들기 짝이 없었던 육아 대소사 大小事를 상세히 적어 놓았다면 엄마로서 겪는 고충을 좀 더 풍성하게 다루었을 텐데 진작 하지 못했던 것은 나중에 제가 '양육서'를 쓰게 될 거라고는 상상도 못 했기 때문입니다.

당시의 저처럼, 엄마들도 '지금'이 다라고 생각하지 마세요. 15~20년 후 어떤 일을 하게 될지는 아무도 모릅니다. 예를 들어 당신이 출판사에서 일을 한다면, 당신의 경험이 녹아든 시각에서 베스트셀러를 만들 수 있을 것입니다. 혹은 제조사에서 일을 한다면 아이 엄마의 입장에서 획기적인 상품을 낼 수도 있을 겁니다. 아예 육아 관련 사업을 할 수도 있고요. 그런 기회가 생긴다면 예전에 써 놓았던 '육아 고충'들이 아이디어 뱅크가 될 것입니다. 오늘부터 당장 뱅크에 적립을 해 보시죠. 최소한 아이들에게 '가문의 육아 비책' 전수(?)라도 할 수 있을 것입니다.

성공하기 위해 중요한 것은 IQ가 아닌 '성공 지능'이라는 말이 있습니다. 성공의 열망을 가진다는 뜻입니다. 열망이 있는 사람은 하루에 몇 분이라도 미래에 성공해 있는 자신의 모습을 상상하고 그런 모습에 이르기 위해 필요한 일들을 할 것입니다. 하루 한 장도 좋으니 책을 읽고 건강한 몸을 만드세요. 자신도 모르는 새 성공의 체력이 만들어져 있을 겁니다.

또 자기 소개서를 다시 써 보세요. 그 소개서에 돌이킬 수 없는 새 이력, 즉 '엄마'의 이력이 더해졌을 테니 과거의 장점이 변동 없이 발휘될 지 체크해 보고 어떤 점을 보완해야 할지 생각해 보세요. 자신감이 떨어 진다 싶으면 지금 유지하고 있는 당신의 능력을 적어 보세요. 어렸을 때 는 못했는데 지금은 잘하게 된 일들도 적어 보며 한 번씩 웃어 보세요. 차를 운전할 수 있네요. 은행에 얼마라도 돈이 있네요. 초콜릿은 얼마든 지 사 먹을 수 있고 허락을 받지 않고도 어디든 갈 수 있네요. 밤새 인터 넷을 검색할 수 있고 운이 좋으면 당신 소유의 집도 있겠네요. 당신이 갖게 된 능력에 감사하면서 미래의 이력서를 만들어 보세요. 분명한 목 표를 세우고 구체적인 실행 지침을 만들어 놓으세요. 오늘 아이가 아팠 거나 집안일이 많아서 그것들을 못 해도 괜찮습니다. 그저 그것들을 해 야 한다는 것만 기억하세요.

세계적인 동기부여 강사인 노아 세인트 존Noah Saint John은 책《어포메 이션》에서 젊은 시절에 인생이 잘 풀리지 않자 자살을 결심했던 일을 고백합니다. 그런데 자살하고 싶었지만 총이 없었고, 밀폐된 차고에서 엔진을 켜 놓은 채 배기가스로 죽고 싶었지만 차고가 없었다고 합니다. 그래서 남의 집 열린 차고에서 죽으려고 한 순간 구석에 세워진 어린이 용 자전거를 보게 됩니다. 어릴 때 자신이 타던 것과 똑같이 생긴 자전 거를 보면서 그는 이 집의 가족이 자신의 시체를 발견하고 자전거의 주 인인 아이가 무언가 나쁜 일이 벌어졌다는 것을 알게 되는 상황을 떠올리면서 자살 시도를 멈추었다고 합니다. 이후 새 출발을 하여 마침내 명성과 돈을 거머쥐게 되었고요.

누구라도 힘들면 세인트 존처럼 모든 것을 포기하고 싶은 마음이 들 겁니다. 하지만 그가 아이의 자전거를 보고 마음을 돌린 것은 아무리 고통이 힘들어도 (생을 포기함으로써) 그것을 아주 잊고 싶은 건 아닐 거라는 생각이 깔려 있어서였을 것입니다. 그리고 자신도 자전거를 탔던 행복한 시간이 있었음을 기억할 수 있어서였을 겁니다. 우리도 그렇지 않을까요? 고통이 불편한 것이지 고통 자체를 깡그리 망각하고 그저 천진난만하게 살고 싶은 건 아닐 겁니다. 물론 가능하지도 않지만요. 그리고 힘들었던 기억이 많아서 그렇지 행복했던 시간도 많이 있었습니다. 앞으로도 그럴 것이고요. 그러니 생각만큼 나쁘지 않았다고 위로할 수 있고, 나빴어도, 그럼에도 불구하고 지금 여기 이렇게 아이와 함께 건재하고 있음을 기뻐하고 감사할 수 있습니다.

완전무결한 삶의 환상을 버리고 오늘을 잘 사는 데 집중하기 바랍니다. 비가 오면 우산을 펼치고 우산을 살 형편이 안 되면 빌리고 빌릴 사람이 없으면 잠시 집에서 비가 그치기를 기다립시다. 비가 그칠 동안 당신 삶에 대해 '말'하고 과거에 미처 알지 못했던 의미를 찾아 다시 엮어 보세요. 그러다 보면 어느새 하늘이 개어 있을 겁니다.

트라우마 연구의 권위자인 스티븐 W. 포지스Stephen W. Porges는 "당신은 당신이 알고 있는 최선의 방법으로 살아남았다"라고 말했습니다. 그의 주 연구 영역을 고려해 볼 때 이 말 앞에 '트라우마에도 불구하고'가 놓일 거라는 걸 충분히 짐작할 수 있습니다. 엄마인 당신 또한 애착 트라우마, 발달 트라우마, 관계 트라우마, 경제적 트라우마 등 많은 트라우마를 겪어 왔을 것이고 어쩌면 지금도 겪고 있을지도 모르겠습니다. 시간도 없고 돈도 없고 내 편도 없는, 온통 '없음'에만 익숙해지며 견뎌왔을 겁니다. 하지만 확실하게 내 곁에 '있는' 이 아이를 돌보면서 최선의 방법으로 살아남을 것입니다. 아니, 살아남는 정도가 아니라 어느새 당신이 '큰 바위 얼굴'이 되어 있을 겁니다. 사랑스러운 당신의 아이는 그 '얼굴'을 쳐다보면서 또 가슴 설레는 미래를 꿈꾸겠지요. 엄마 마음 약국, 아주 잘 대를 물릴 것 같습니다.

에필로그

엄마들에게
위로가 필요합니다

　독자들이나 출판사 측으로부터 엄마의 마음을 살피고 위로하는 책을 써 달라는 말을 들은 지는 꽤 됩니다. 하지만 이상하게 엄두가 나지 않았는데 지금 되돌아보면 제 자신이 고군분투의 육아를 치렀던 엄마였기에 엄마가 얼마나 힘든지 입도 뻥긋하기 싫다는 마음이 강했던 것 같습니다. 입에서 쓴맛이 날 정도로 힘들게 마라톤을 완주한 선수에게 기자가 마이크 하나 달랑 내밀고 "얼마나 힘든가요? 어떻게 하면 덜 힘들까요?"라고 물어본다고 했을 때 숨을 헉헉 내쉬며 쓴웃음을 짓는 것 말고는 아무 말도 할 수 없는 것처럼요. 아울러 '위로는 바라지도 않으니 제발 해결책을 좀 달라'라는, '삐진 마음'도 가득했던 것 같습니다.

　그런데, 결국 이 책을 썼네요. 작은 아이가 대학생이 되기까지의 긴 시간을 지내 오면서도 한국의 양육과 교육 현장에서의 해결책이 지지

엄마 마음 약국　　　　　　　　　　　　　　　　　　　　242

부진함을, 아니, 솔직하게 말하면 요지부동임을 봐 오다 보니 해결책이 나온다는 것에 큰 희망을 걸지 못하게 된 마음, 그럴 바에야 위로라도 제대로 해야겠다는 마음이 이제라도 든 것 같습니다. 사실 저도 삐진 아이가 잠시 달래는 손길을 거부하는 것 같은 모습을 보였을 뿐이지 내심 간절히 위로를 원했음을 고백합니다.

엄마들을 위로해 줍시다. 예전에 비해 한국 사회에서 여성의 권리가 상승되고 다양한 삶이 가능해진 건 분명하지만 그럼에도 아이를 키우는 엄마들은 여전히, 정말 많이 힘듭니다. 이제라도 엄마들을 위로하는 사회가 되었으면 합니다.

요즘은 '평생직장'이 없다는 말을 하죠. '평생 가정'도 유지하기 힘들고요. 그럼에도 20년이 훌쩍 넘어가도록 크게 변덕(?)부리지 않고 육아라는 일에 전념해 온 동력이 무엇이었을까 생각해 봅니다. 뭐, 엄마니까 당연하다는 그런 말 말고요.

저는 '아름다움'이라는 단어가 떠오릅니다. 결혼 후 엄마가 되면 생활에서 아름다움을 보기가 차츰 힘들어집니다. 사랑으로 맺어진 가족끼리도 서로 상처를 입어 생채기가 나기 시작하고 사회관계도 가뭄으로 쩍쩍 갈라진 논바닥처럼 메말라 갑니다. 맑게 갠 하늘이나 밤하늘의 별 한 번 쳐다볼 여유도 없을 정도로 마음이 삭막해지고 외모 또한 참 마음에 들지 않는 방향으로 변합니다.

그런데 이 '아이', 참 아름답네요. 무결점의 피부, 황금 비율의 몸, 별을 박아 놓은 듯한 찬란하고 촉촉한 눈동자, 천상의 냄새, 그리고 순수와 사랑의 마음까지. 보고 있어도 계속 보고 싶은, 엄마의 삶에 유일하게 남아 있다 싶은 '절대' 아름다움입니다. 척박한 엄마의 인생에서 언젠가부터 찾기도, 구현하기도 힘들어진 진선미眞善美를 매일같이 보여 주는 아이가 정말 대견해서, 그런 복을 누릴 수 있음에 너무 감사해서 힘들어도 계속 살피고 사랑해 왔던 것 같습니다.

하버드 의과대학 의사 윌리엄 리^{William W. Li}는 《먹어서 병을 이기는 법》에서 심한 심근경색에 걸리고도 살아난 어미 쥐를 관찰하던 중 태아의 줄기세포가 자궁에서 엄마의 혈류를 타고 손상된 엄마 심장으로 가서 심장을 재생하고 복구했다는 놀라운 사실을 발견했습니다. 비록 생쥐를 대상으로 한 연구였지만, 윌리엄 리는 이 연구가 "태아의 줄기세포가 엄마의 건강을 지키는 데 기여할 수 있음을 입증한 최초의 사례"라고 하면서 인간에서도 그러할 것이라고 말했습니다. 부모의 전적인 보호를 받는 게 당연한 아이가, 그것도 태아가, 오히려 엄마의 건강을 지킨다니, 어쩌면 당신의 아이도 태아였을 때 당신을 이미 한 번 살렸는지도 모르겠습니다. 물론 엄마가 건강해야 자기도 탈 없이 나올 테니 그랬겠지만 그저 뭉클한 이야기로 다가옵니다. 위 연구에서는 태아가 말 그대로 엄마의 '심장'을 살렸지만, 사실 아이는 태어난 후 매일같이 또 엄마의 '마음'을 살리죠.

엄마를 살게 할 뿐 아니라 더 나아가 아름다운 삶까지 가능하게 해 주는 아이, 엄마들이 오늘도 새 힘을 내기에 충분합니다. 하지만 위로와 도움이 있어야 내일도, 모레도 계속 힘을 내어 긴 여정을 무사히 마칠 수 있습니다.

생명을 키워 내는 일은 흐르는 강물 같아서 오늘 흘려보낸 시간을 나중에 다시 가져 볼 수 없습니다. 아이가 5세 때, 7세 때, 또 10세 때 느끼는 육아의 감동은 다 다릅니다. 때로는 벅찬 환희의, 때로는 가슴이 찡한, 또 때로는 눈물이 차오르는 감동의 매 순간들이죠. 무지개보다 더 다채롭게 펼쳐지는, 부모만이 누릴 수 있는 멋지고 소중한 순간들을 놓치지 않기 위해서라도 최대한 아이 곁에서 함께해 주세요. 그러다 보면 서로 돕고 위로할 수밖에 없음을 알게 될 것입니다. 굳이 이런 책이 없더라도요. 위로와 도움 또한 '그때' 주지 않으면 나중에는 주려 해도 줄 수 없는 '흘러간 강물'이 될 수 있으니 '있을 때 잘하자'라는 말은 참으로 진리 같습니다. 앞으로 세상에서 가장 소중한 일을 부모가 늘 '같이' 하면서 사랑은 더 나누고 행복은 더 크게 키우시기를 소망합니다.

전작《마음 약국》에 이어 이번《엄마 마음 약국》까지 많은 이들이 온전한 내면의 힘을 회복하는 책을 낼 수 있도록 기회를 주시고 멋지게 만들어 주신 RHK 출판사의 양원석 대표님과 편집부 선생님들께 깊이 감사드립니다.

- 강은진, 「네덜란드의 육아지원정책」(세계육아정책동향시리즈 19), 육아정책연구소(2016)
- 나임윤경 외 6인 지음, 《엄마도 아프다》, 이후(2016)
- 노아 세인트 존 지음, 황을호 옮김, 《어포메이션》, 나비스쿨(2021)
- 대니얼 J. 레비틴 지음, 이은경 옮김, 《석세스 에이징》, 와이즈베리(2020)
- 라홀 잔디얼 지음, 이한이 옮김, 《내가 처음 뇌를 열었을 때》, 월북(2020)
- 마사 누스바움 지음, 임현경 옮김, 《타인에 대한 연민》, 알에이치코리아(2020)
- 마셜 B. 로젠버그 지음, 캐서린 한 옮김, 《비폭력대화》, 한국NVC센터(2017)
- 마이클 S. 가자니가 지음, 박인균 옮김, 《뇌, 인간의 지도》, 추수밭(2016)
- 마크 브래킷 지음, 임지연 옮김, 《감정의 발견》, 북라이프(2020)
- 보 로토 지음, 이충호 옮김, 《그러므로 나는 의심한다》, 해나무(2019)
- 브레네 브라운 지음, 안진이 옮김, 《마음가면》, 더퀘스트(2016)
- 샤를 페로 지음, 김라합 옮김, 《신데렐라》, 삼성출판사(2006)
- 소냐 류보머스키 지음, 이지연 옮김, 《행복의 신화》, 지식노마드(2013)
- 스티븐 W. 포지스 지음, 노경선 옮김, 《다미주 이론》, 위즈덤하우스(2020)
- 아미르 레빈, 레이첼 헬러 지음, 이후경 옮김, 《그들이 그렇게 연애하는 까닭》, 알에이치코리아(2011)
- 알렉산더 폰 쇤부르크 지음, 김인순 옮김, 《우아하게 가난해지는 법》, 필로소픽(2019)
- 에릭 H. 에릭슨 지음, 송제훈 옮김, 《유년기와 사회》, 연암서가(2014)
- 에릭 캔델 지음, 이한음 옮김, 《마음의 오류들》, 알에이치코리아(2020)
- 연합뉴스TV, "미국서 '확진 산모' 아기 83명 중 72명 항체"(2021년 1월 31일)
- 우르술라 누버 지음, 김하락 옮김, 《심리학이 어린 시절을 말하다》, 알에이치코리아(2010)
- 윌리엄 리 지음, 신동숙 옮김, 《먹어서 병을 이기는 법》, 흐름출판(2020)

- 이브 로드스키 지음, 김정희 옮김,《페어 플레이 프로젝트》, 메이븐(2021)
- 장 앙리 파브르 지음, 윤종태 그림,《파브르 곤충기》, 삼성출판사(2016)
- 조던 B. 피터슨 지음, 김한영 옮김,《질서 너머》, 웅진지식하우스(2021)
- 존 그레이 지음, 김경숙 옮김,《화성에서 온 남자 금성에서 온 여자》, 동녘라이프(2021)
- 존 브래드쇼 지음, 오제은 옮김,《상처받은 내면아이 치유》, 학지사(2004)
- 존 자브나, 고든 자브나 지음, 정유선 옮김,《쓱 읽고 씩 웃으면 싹 풀리는 인생공부》, 스몰빅라이프(2020)
- 파멜라 드러커맨 지음, 이주혜 옮김,《프랑스 아이처럼》, 북하이브(2013)
- 한나 크리츨로우 지음, 김성훈 옮김,《운명의 과학》, 브론스테인(2020)

엄마 마음 약국

1판 1쇄 인쇄 2021년 12월 24일
1판 1쇄 발행 2022년 1월 6일

지은이 이현수

발행인 양원석 **편집장** 차선화 **책임편집** 김하영
디자인 강소정, 김미선 **영업마케팅** 윤우성, 박소정, 강효경, 정다은, 김보미

펴낸 곳 ㈜알에이치코리아
주소 서울시 금천구 가산디지털2로 53, 20층(가산동, 한라시그마밸리)
편집문의 02-6443-8893 **도서문의** 02-6443-8800
홈페이지 http://rhk.co.kr
등록 2004년 1월 15일 제2-3726호

ISBN 978-89-255-7886-6 (03590)